写给男孩的
成年手册

The Manual to Manhood

[美] 乔纳森·卡特曼 / 著
Jonathan Catherman

张文沁 / 译

图书在版编目（CIP）数据

写给男孩的成年手册 /（美）乔纳森·卡特曼著；张文沁译.
-- 北京：北京联合出版公司，2018.1
 ISBN 978-7-5596-1020-1

Ⅰ.①写… Ⅱ.①乔… ②张… Ⅲ.①男性—成功心理—青年读物 Ⅳ.①B848.4-49
中国版本图书馆CIP数据核字(2017)第238048号

Copyright 2014 by Jonathan Catherman Originally published in English under the title *The Manual to Manhood* by Revell, a division of Baker Publishing Group, Grand Papids, Michigan, 49516, U.S.A.
All rights reserved.

北京市版权局著作权合同登记号：图字01-2017-7495号

写给男孩的成年手册

The Manual to Manhood

著　　者：［美］乔纳森·卡特曼
译　　者：张文沁
特约策划：尧俊芳
责任编辑：龚　将　夏应鹏
封面设计：平　平
装帧设计：季　群

北京联合出版公司出版
（北京市西城区德外大街83号楼9层　100088）
北京联合天畅发行公司发行
北京中科印刷有限公司印刷　新华书店经销
字数180千字　710毫米×1000毫米　1/16　17.5印张
2018年1月第1版　2018年1月第1次印刷
ISBN 978-7-5596-1020-1
定价：38.00元

版权所有，侵权必究
未经许可，不得以任何方式复制或抄袭本书部分或全部内容
本书若有质量问题，请与本公司图书销售中心联系调换。电话：（010）64243832

写给成年的你们

亲爱的男孩们，当你捧起这本书时，意味着你的人生到了一个分水岭：你将迈过天真无邪的童年、青涩懵懂的少年，以一个青年的身份，踏入多姿多彩的成人世界，一个充满了形形色色机遇和挑战的世界。而这本书，就是打开那扇成人世界大门的钥匙。

每个男人心中都有一个天堂，那里满是香车美女，令人垂涎欲滴的美食触手可及。可这些，就是男人想要的一切吗？他们内心深处还有没有别的东西？有，答案就是：尊重。而尊重，从来都不是天生就有的，也不是别人给予的，而要靠自己去"获取"。"获取尊重""化解尴尬"是男人最渴望的，也是对任何一个毛头小伙子都至关重要的能力。

你顶着满脸胡楂儿和"小白脸"一起去面试，结果却还一脸茫然不知道自己怎么被 PK 掉；看见喜欢的姑娘还在犯尿不知怎么开口，旁边那个会煮点咖啡、煎个牛排的家伙却已经要到了她的手机号；让你做自我介绍只会"你好，我叫×××"就没有下文，而室友已经通过简单的握手礼节获得对方的赏识。你痛恨这个世界"潜规则"太多，感慨成人的套路太深，但你忘了一点：男人的成长需要练习。成人的世界，需要具备各种技能，才能获得尊重和机会。你需要提升自己的能力和价值，赢得更多人脉，才能巧妙躲过"潜规则"的暗礁。

所以，首先也是最重要的一点，请暂且像个成熟男人一样对待这本书中读到的一切。清空自己以往的认知，把自己看成是一个"小白"，去学习和实践这些技能。也许，你知道一个完全不同的方法给木炭烤架点火、一样可以把衬衣熨烫平整，没关系，每位男士都需要打造适合自己的个人风格。但无论你的独立程度高低，不可否认的是，这本书设计的"如何做"是所有人都该有所涉猎、妥善学习并多加训练的基本生活能力。这本书是一册高质量的指导，让你初步了解男人们需要学习和掌握的基本技能。

其次，最好的生活方式始终是以一种兼具自信和谦卑的态度，去执行生命赋予你的所有任务和使命。然而只有在配备上日益成熟的性格特色时，才堪称完美。对男性而言，成年与否和年龄大小、肌肉多少或者长不长胡子什么的关系并不大。关于这一点，世界上已经有太多实例。太多男性拥有成熟的外表但行事幼稚，俨然还是个不成熟的孩子。要想从青涩男孩变成一位成年男士，你必须经历一番巨大的转变，做到了这一点，你成熟稳重的行事风格才会让你不愧于"男人"这个称号。当然，并不是说某个人到了一定的年龄段，他自然就长成了"男人"。真正的男人，不是一个头衔，不是一个年龄段，而是一种成熟稳重且让人信赖的行为风格。你必须付出努力才能做到这一点。

真正的男人对自己有着不一样的评判标准，他们对自己的要求也更高。真正的男人不会在意自己开什么车、酒量如何、交往过多少女孩，他们不相信男人这个身份是通过这些东西定义的，他们深知：男人，代表的是心智的成熟。一个男孩只有心智成熟了，才配称之为"男人"。

成熟是一种能力，它完美展现于一个男人有着正确的生活目标，知道如何在恰当的时间，以正确的方式，去做正确的事情，即使在无人关注的情况下，他也是如此。

各位男孩们，目前正是你们的大好时机，去学习并掌握这些优秀男士所应具备的生活技能和成熟特质吧！请把这本书当成是一个邀请函，欢迎加入到真正优秀的男士训练营中。

目 录
contents

第1章　女人与约会 / 001

> 男人完全可以找到一种更好的方式，去理解女人以及和她们沟通。男性和女性是上天创造的完美合作伙伴和终身伴侣，而男人需要做的是：学习这一切。
> ——莱斯·帕洛特，美国权威关系专家

怎样跟喜欢的姑娘聊天 | 如何向女性提出第一次约会邀请 | 怎样安排你们的约会 | 如何决定约会中谁埋单 | 第一次面见女生的父母 | 怎样平衡与兄弟、女友相处的时间 | 如何礼貌地和女生分手

第2章　社交技巧与礼仪 / 019

> 真正的人际网络，一定是由两个现实中的人建立在有意义的连接之上的。
> ——乔治·托尔，许多优秀男士的导师

如何握手 | 如何介绍你自己 | 如何介绍别人 | 如何为别人开门 | 如何摆放西餐餐具 | 如何在西餐厅点菜 | 如何给小费 | 如何包装礼物 | 如何清洁浴室 | 如何整理床铺

第3章 工作与道德 / 043

> 生活中有一套固定的核心价值观，当你学会将这些核心价值观在生活中融会贯通，它们将彰显你的为人处事之道。不管你从事的是什么职业，手拿扫帚还是挥动球拍，都无须感到担心，因为你总能完做到最好。记住，一个人所从事的职业并不能定义他是一个什么样的人——一个人对待工作的态度才真正彰显了他的本色。"
>
> ——"棒球之星"本纳德兄弟之父

如何申请一份工作 | 如何填写工作申请表单 | 如何面试一份工作 | 如何申请加薪 | 如何要求升职 | 如何辞职 | 如何填写证明人

第4章 财富与金钱管理 / 063

> 在成为一位成熟男士的过程中，你要明确的是，其实每一元的存储都是通向百元大钞的基石。
>
> ——戴夫·拉姆齐，当今社会顶级理财专家

如何做好个人预算 | 如何开设一个银行储蓄账户 | 如何管理信用卡账户 | 如何为未来投资 | 如何无债一身轻

第5章 仪容整洁与个人卫生 / 077

> 毫无疑问，如何保持身体内在健康是一个成熟男士需要习得的必备技能之一。因为，这是一个展示你对生活由内而外的掌控力的绝好机会。
>
> ——乔纳森·卡特曼，全球领先教育顾问

如何刮胡子 | 如何舒缓剃刀灼伤 | 如何使用除臭剂或止汗剂 | 如何使用美发产品 | 如何喷古龙水 | 如何清新口气 | 如何正确洗手 | 如何洗

脸 | 如何修剪你的指甲 | 如何护理脚部

第6章 服饰与格调 / 103

> 衣品就是你个人品味的完美表达。只有学会根据不同场合，选择符合气质的穿衣风格，才能向人们展现你由内而外的高雅格调。
> ——风格大师内特·雷茨拉夫，
> 耐克公司NFL/ NCAA服装设计师

如何洗衣服 | 如何烘干衣物 | 如何熨衬衣 | 如何熨休闲裤 | 如何擦鞋 | 如何打领带 | 如何缝纽扣 | 如何应急处理污渍 | 如何叠衣服 | 如何叠出无褶长裤 | 如何挂裤子

第7章 运动与休闲 / 133

> 成为一个优秀的男人并不意味着你必须是个多么伟大的运动员。事实上，在大多数运动中，只有约0.03%的人是专业玩家，而大多数其实只需要掌握一些基本的运动技巧就可以了。

如何扔橄榄球（美式足球） | 如何投篮 | 如何踢足球（英式足球） | 二缝线快速球怎么投（棒球） | 如何挥杆（高尔夫） | 如何推杆（高尔夫） | 如何扔飞镖 | 如何打台球 | 如何掷马蹄铁

第8章 汽车与驾驶 / 159

> 每个男人都会开车，但只有真正的男人才会将它掌控自如。

如何使用手动变速器换挡 | 如何更换漏气轮胎 | 如何助推启动（电量耗尽时如何搭电） | 如何检查机油 | 如何平行泊车 | 拖挂车如何倒车 |

如何应对交通事故 ｜ 如何应对警察问询

● 第9章　**食品与烹饪** / 185

> 又懒又笨的人才会坐着等别人喂食，真正独立的男人都是帅气地自己掌勺，在厨房里大显身手。一个男人，如果能为自己做饭，也能为心爱的人下厨，既会切片也会切块，既会烹煮也会烧烤，那姑娘们都排着队跟他吃饭。

如何烹煮咖啡 ｜ 如何从头开始做煎饼 ｜ 怎样炒鸡蛋 ｜ 怎么做培根 ｜ 怎样煮意大利面 ｜ 如何制作土豆泥 ｜ 如何用烤箱烤制鸡肉 ｜ 如何用烤箱烤制牛排 ｜ 木炭烧烤架怎么点火 ｜ 如何用烤架烤制牛排 ｜ 如何用烤架烤制猪排 ｜ 如何用烤架烤制排骨 ｜ 如何用烤架烤全鸡 ｜ 如何用烤架烤鱼 ｜ 如何磨菜刀

● 第10章　**工具与修理** / 223

> 每个男人都需要掌握一些修理知识，采买几件经久耐用的设备，拥有一双工匠般追求品质的眼睛，熟练使用各种工具，具备所需的技能。

怎样看卷尺上的刻度 ｜ 如何挥锤敲钉子 ｜ 如何使用圆锯进行切割 ｜ 如何使用电钻 ｜ 如何使用撬棍 ｜ 如何使用活动扳手 ｜ 如何使用（气泡）水平仪 ｜ 如何计算建筑面积 ｜ 如何清理堵塞的排水管 ｜ 如何关闭马桶进水阀 ｜ 如何疏通马桶 ｜ 如何检查断路器 ｜ 如何在墙上钉钉子 ｜ 如何挂一幅画 ｜ 如何修补墙上的一个小洞 ｜ 如何修补墙上的一个大洞

如何像男人一样说话：男人需要知道的100个术语 / 262

第1章

女人与约会

> 男人完全可以找到一种更好的方式，去理解女人以及和她们沟通。男性和女性是上天创造的完美合作伙伴和终身伴侣，而男人需要做的是：学习这一切。
>
> —— 莱斯·帕洛特，美国权威关系专家

首先，让我们谈谈女人。这个世界上，恐怕很少有什么生物像女人那样吸引男人的注意。要知道，男同胞为数甚多。不过，幸运的是，作为这么多男人的关注点，女人大约占据了世界人口的50%。这就意味着，在人生旅途中，你极有可能遇到让你心动的姑娘；当然，你也会发现女人原来是如此难以理解，甚至不可理喻。

有这样一种说法，男人和女人的基因相似度接近99.7%，可恰恰就是剩下的0.3%的不同，造就了两者之间如此巨大的差异。此外，女人错综复杂的情绪、激素，以及一些独特而隐晦的说话方式等，无一不在男女之间搭建起一道道鸿沟。该怎样和女人无障碍交流？绝大多数男人一头雾水，手足无措。很多时候，上一秒你可能还在抱怨，跟女人生活在一起简直令人难以忍受，可下一秒你又立马觉得，没有了女人，生活真没意思。你没有办法不去想她念她，可是，有时你真不知道她到底在琢磨些什么。

权威关系专家莱斯·帕洛特博士指出，要想更深刻地理解和掌握"怎样和一个女人保持良好关系"，每个男人都需要历经三个阶段。

1. 首先，是自我意识的觉醒。也就是说，你需要更了解自己。"如果你想和任何人建立健康的人际关系——尤其是和女人，那么你需要把健康带进你们的关系里。你在身体、情绪、社交，乃至精神上，都足够健康吗？"帕洛特博士问道，"关系的健康程度取决于你自身，你有多健康，你们的关系才能多健康。这意味着你必须首先了解自己，清醒地知道自己在生活中的情绪、需求和目标。"

2. 而后是关注她。"要想建立健康的人际关系，最重要的是练习和实践共情这项技能。共情是建立稳固关系的关键；通过共情，你抛却固有的私心，转而考虑她的需求。她的感受如何？她会有什么样的想法？她持有怎样的态度？她的希望和梦想是什么？她恐惧和担忧的是什么？她的人生目标又是什么？"帕洛特博士继续阐述道，"共情技能并不容易掌握，因为男性和女性在思维方式上是如此不同。这种不同使得双方采取截然相反的思考和行动。你需要付出相当多的努力和时间，学着从她的角度去思考和看待问题，才能正确地读懂她的心。虽然不易，但你们在这其中会取得更深的信任和理解，从而关系稳定、感情甚笃，所以非常值得一试。"

3. 最后，将前两者有机结合起来。为了强调这一点，帕洛特博士提示道："当男性能够将自我意识的觉醒与共情技能相结合，他就拥有了发展健康关系所必需的双发动机，以及成熟驱动力。"

帕洛特博士是对的，男人完全可以找到一种更好的方式，去理解女人以及和她们沟通。男性和女性是上天创造的完美合作伙伴和终身伴侣。而你需要做的，是学习这一切，同时记住，并非一切存在都是为了被理解。有些东西的价值恰恰在于它们扑朔迷离的神秘感，而这其中，恰恰就包括了女性。

冲突如何让男女更亲密？

美国权威关系专家莱斯·帕洛特指出："冲突是我们为更深层亲密关系支付的代价。"良性冲突中的"共情"原则具有神奇的力量，在90%的情况下，仅靠共情就可以化解冲突了。

怎样跟喜欢的姑娘聊天

要是没有女人,男人们会怎样?空虚,先生。空虚难耐啊!

——马克·吐温

你需要的是:
- 一个你喜欢的姑娘
- 勇气
- 口气清新

花费时间:
- 无论多久都值得

她就在那里,机会来了。赶紧的,快过去和她说点什么。

如果不跨出这一步,难保其他家伙不会虎视眈眈、捷足先登。

犹豫你就输了。别犯尿,试着去和她聊聊啊。以下就是你的实施方案:

第一步 调整呼吸

在向姑娘迈出脚步之前,得先学会控制呼吸。呼吸急促会令你语速过快,脑袋嗡嗡作响;呼吸缓慢会让你上气不接下气,有气无力。谨记,保持正常的呼吸频率是成功搭讪的前提。你总不会愿意开场白都还没说完就卡壳吧。

第二步 清新口气

第一印象往往根深蒂固。希望她心目中的你清新怡然吗?先嚼一颗口香糖,清除掉口腔异味吧。

第三步　自信地走过去

肩背挺直，抬起头，别一副无精打采、懒懒散散的样子。

第四步　来个轻松愉快的开场白

一句简简单单的"你好，我叫×××（你的姓名）"即可。别去天花乱坠地滥用一些从社交网络抄来的搭讪金句，不管用。从你熟知的领域开始——比如说，你的名字。

第五步　真心实意地赞美她

赞美必须发自内心：你赞美她是因为你确实很欣赏她。此时要是有半点虚情假意，她一定会发现——别问我为什么，姑娘们似乎总能判断出哪些男人的搭讪不靠谱。你可以在适当的情况下，试着像这样赞美她：

- "昨天我去看了你们的排球比赛，发现你好棒。"
- "今天你在课堂上真给力，轻轻松松就把那些实验题答出来了。"
- "你的新发型很赞。我喜欢。"

第六步　和她交谈，而不是一个人夸夸其谈

也就是说，你是在和她对话，而不是自嗨。最好的办法是，发起一个她感兴趣的话题，让她难以拒绝，而且三言两语也聊不完。你可以问一些有价值有深度的问题，然后静静地等着她回答。如果聊得投机，她也会反问你。这个时候千万要稳住，别说大话，别跑题。也别谈论太多自己的事，专注于原先选定的话题，专注于她。

第七步　完美收官

用赞美结束对话。比如说："和你聊天是一种享受，真希望有机会还能再见到你。"然后？然后你就可以问她要手机号了啊。

去和你的"她"交谈吧!

男人在玩电子游戏、大笑和健身时,大脑会发出"感觉良好"的化学信号。而女人只有身处有意义的对话中,才会出现类似的感觉。所以,去和你的"她"交谈吧,她的大脑会爱上你的。

如何向女性提出第一次约会邀请

> 你需要的是：
> - 一个你想邀约的妹子
> - 自信心
> - 口气清新
>
> 花费时间：
> - 比你想象的要短

来吧，做好准备。你正要尝试这一切，这可能是你一生中最难忘的时刻。你第一次跟她约会的故事，在朋友圈中有可能流传两个截然相反的版本。你要如何计划，怎样实施？这直接决定了这个故事是你们之间的一段史诗还是不堪回首的往事。

第一步　认真选择邀请对象

约会意味着你将进一步了解一个人。通过约会，你会明白自己心仪的究竟是什么类型的女人，什么类型的女孩会对你感兴趣。

第二步　选取邀约借口

如果事先想好特定的邀约借口，她答应的概率会高得多。想想她会有兴趣和你一起去做些什么。

第三步　规划出行方式

避免长时间的骑行，通常来说，第一次不适合这种形式。

第四步　选好开口时机

在出发前两三天邀约比较合适，她正好有时间考虑。比如周五约会，就在周二或周三约她。她可能需要问问她的父母，而在此期间，你的期待和等候同样充满了快乐和幸福。

第五步　约她出去

时机和方法决定一切。满怀信心地描述你的计划，并问她是否愿意加入。记住，要当面问她！别指望靠发送文字信息约妹子。

> **聪明男人知道的那些事**
>
> 谁也没法保证她会答应和你约会。不过，唯一能够保证的是，如果你不去问，那就永远没有让她答应的机会。

怎样安排你们的约会

> **你需要的是：**
> ・一个答应和你约会的女生
> ・自信心
> ・现金
> ・交通工具
>
> **花费时间：**
> ・一个小时，用来计划约会

到了开始约会的年纪，足够成熟的男人还要明白一个事实——妹子们还是喜欢有计划的异性。所以你的计划是什么呢？如果你想要一场合你心意的约会，出发前就必须做攻略。如果你希望看到她到时候迫不及待地跟闺蜜分享她的开心，最好花足够的时间去计划和准备好你们的约会。接下来我们来说说要怎么做。

第一步　进行思考

从她的角度去思考这场约会。她想要做什么？你们有什么共同爱好？

第二步　写下想法

在一张纸上写下关于约会的想法。你甚至可以和好朋友头脑风暴，大胆说出自己的创意，看看他们是否也和你不谋而合，当然，也要考虑潜在的冲突，做出最好的选择。你需要考虑开销、交通、用时，乃至怎样获取她/你父母的许可。

第三步　制定纲要

确定想法后，接下来就该制定详细方案了。

约会时间是什么时候？——白天、傍晚，或是晚上？

约会几时开始？——她需要一个特定的时间以期待你的到来。

你的预算是多少？——约会完全有可能花销很大，你需要做个预算，并贯彻下去。

谁来支付？如果你想让事情变得简单，那么可以选择分摊（AA制）。

你们要去哪里？——这里需要落实到具体。例如，晚餐计划在＿＿＿（填写位置），或者晚餐找地方解决。

你将如何到达约会地点？——是你和她约一个地点？还是你去接她？

你需要开车去吗？

约会大概在什么时候结束？——你需要保证她能准时回家。给出一个精确的时间点并且遵守这个承诺。要想获得她的好感以及她父母的信任，这也不失为一种好办法。

第四步　赢得机会

女士们喜欢有计划、实干的男士。由你带领她去享受一个愉快有趣的约会吧，让她欣赏你的用心。

温馨提示

如果你打算开车去约会，请提前了解交规和路况——这远比到时候被警察拦下要方便得多。

如何决定约会中谁埋单

> **你需要的是：**
> · 一个已经计划好的约会
> · 钱
>
> **花费时间：**
> · 用时1分钟的谈话

一个多世纪以前，约会中的既定礼仪是男人埋单。然而时至今日，传统被打破。现代男人所面临的挑战是，该做出怎样的改变？当女人有意支付一部分甚至全部的约会花销，究竟要由谁来埋单？他？她？我们？怎样避免由谁来掏钱包产生的争议？这里我们要讲的是一个简单而有礼貌的决定方式。

第一步　谁先开口邀约？

如果你去问她，记住首次约会第一印象最重要。通常的绅士守则为：任何情况下，男士为第一次约会埋单。如果是她询问你，你可以赞同她的观点，但最终还是要遵从绅士守则。

第二步　第二次约会时

如果她提出要埋单，可以考虑考虑。对方可能想告诉你，她可不希望你破产，她也可以和你AA。这是一个好迹象。并且，她有可能是值得你深入交往的类型。

第三步　第三次约会及之后

看起来你即将拥有一个正式的女朋友了。如果还是不确定，几次约会后你可以考虑和她谈谈，确定下关系。如果很幸运她正式成为你的女朋友了，那么接下来你们的埋单问题，是要好好沟通的。"女友"其实是个复合词汇，结合了"女生"和"朋友"。所以如同真正的朋友一样，你们可以互相帮助，包括金钱方面。你们可以根据情况谈谈这个问题，共同消费并为各自埋单。

男人的谎言与真相

我可没钱约会。

假话。事实上，你不能给爱情定价，但可以给约会制定预算。在姑娘面前，你不必花大把钞票来炫耀你多有创意，多么体贴，抑或是值得再约。约会应当是让彼此感受到快乐的，而不是为了亏空小金库。

第一次面见女生的父母

你需要的是：
- 稳健地握手
- 干净的衣服
- 微笑
- 礼貌

花费时间：
- 1～5分钟

男女交往中，某些事情可能会使你感到紧张甚至惊恐，比如第一次去见女生的父母。第一印象会直接影响到他们的期望值，也许他们会就此判定你是否值得他们家小公主的信任。通过以下入门守则，你将更进一步地了解，该怎样在此期间获得对方父母的信任感。

第一步　进行眼神交流

在向对方父母表示问候时，友善地直视他们的眼睛。令人感到舒适的眼神接触是4～5秒钟，暂停、简短地移开目光，然后再次进行眼神交流。

第二步　微笑

一个真诚的微笑足以传达你的乐观和高度自信。

第三步　自信地发言

开始时先与她的母亲寒暄，说一些简单有礼的客套话，比如："（姓氏）阿姨/（姓氏）叔叔好，很高兴见到你们。"

第四步　握手

通过这个友好而传统的问候方式，向他们表达你的尊敬，同时也表明你懂得如何与成年人相处。

第五步　夸赞他们的女儿

称赞他们女儿与外貌无关的方面，至于你对你和他们女儿约会有多激动，就不用多说了。

第六步　注意你的言行举止

要注意措辞，比如记得说"请您""谢谢您"，恭恭敬敬地说"是的""没有""请问"，避免一些口头语"是嘞""没啊""啊？"等等；主动为别人开门；要闭着嘴咀嚼；不要过多谈论自己，并且尽可能少去厕所。

入门守则

好父亲永远都是护着女儿的。对于一个父亲来说，任何想约他女儿的家伙都是头号公敌。获得准岳父大人认可的绝招是，像他希望的那样，尊敬他的女儿，善待他的女儿。任何时候都要当他这个准岳父在你身边瞅着你呢！这样你才能从他的"最致命头号公敌"列表中除名，然后成功入围最佳女婿序列。

怎样平衡与兄弟、女友相处的时间

你需要的是：
· 男性朋友们
· 女朋友

花费时间：
· 日常时刻

你的男性朋友们是不是曾经说过"兄弟，你在哪呢？为了她你都抛弃我们了"？如果有，那就证明你开始重色轻友了。有些男人很容易犯一个错误：每分每秒都和女朋友腻在一起。无论是上学前、下课时间、午饭时、放学后，还是周末，短信不停，聊天不断，永远在线……你懂的。简而言之，一个优秀的男人懂得平衡。以下内容将告诉你，如何向你的好兄弟们和女朋友表达他们都是你生命的重要组成部分。

第一步　不要让彼此窒息

赶走一个女生最快的方法是让她没有一刻空闲。有句老话说得好，"小别胜新婚，久别情更深"。

第二步　对腻在一起的时间做出规划

每周都规划下你们的约会时间，是的，就你俩。所谓约会其实并不需要有多么高大上，觉得有趣就好。

第三步　将两部分时间混合起来

预留一些时间带着女朋友和兄弟外出聚会。一起聚会时，平等地分配与每位朋友交谈的时间。照顾到每个人，是一个人成熟的标志。

第四步　分别计划你们的时间

你有你的朋友，她同样也有她的。维系单身之前形成的朋友关系对人际交往是极为重要的。妥善对待友谊，这样有了女朋友以后，也不会失去好兄弟。

男人的谎言与真相

兄弟优先于恋情？

真相——如果你计划余生就指着哥们儿活了，那么好的，兄弟优先。如果不是，那么……

假话。真相是，兄弟情目前固然重要。然而终有一天你会遇到一个特别的人，会选择结婚，会把彼此放在第一位，超越其他所有的人。

如何礼貌地和女生分手

你需要的是:
- 移情（见术语表）
- 一个安静的、半私密到私密的空间

花费时间:
- 30分钟

分手让人痛苦，有人甚至痛不欲生，但无论如何，需要做的事情总得去做，逃避没用。所以，当你觉得她是个好女孩，却并不适合自己的时候，该如何跟对方谈分手呢？其实，你心里很清楚应该怎么做。设想一下，如果她是想要结束这段关系的那一个，你也会尊重她的选择，就像你想要被尊重的那样。

第一步　事先组织语言

在你正式开口之前，考虑清楚自己要说什么，必要的话，先演示一遍。

第二步　选择正确的场合

决定面谈的地点——你必须亲自上阵，并且在一个面对面的场合。

选择一个较为私密的场合，避免她陷入尴尬，毕竟谁也不愿意在公众场合大呼小叫或者歇斯底里吧？

切记不要通过短消息或是社交媒体提出分手。

第三步　适当的契机很关键

对于分手而言很少有所谓的"好时机"。但要注意，切忌在重要日子提出分手，那很可能会让你们自此交恶；你至少不该让情况变得更糟。

第四步　尊重她的感受

她可能会回以悲伤和眼泪,也可能是惊讶和沮丧,甚至可能会气疯了一般任意指责你。这个时候你唯一能控制的人只能是自己;你需要保持冷静,让她发泄出情感,你需要尊重她的感受。

第五步　保持积极的态度

分手后别说前任的坏话。你们曾经共度一段美好的时光,所以分手后如果在公开场合聊起,拣好的说,以纪念那些珍贵的回忆。如果实在没什么美好的回忆可言,就什么都不要说罢。

分手不易

美国著名流行歌手、钢琴家和词曲作者尼尔·萨达卡发表于1962年的畅销歌曲 *Breaking Up Is Hard to Do*(《难舍难分》),荣获当年美国音乐杂志Billboard Hot 100单曲排行榜榜首。首演至今,已有至少32位专业歌手翻唱过这首令人心碎的歌曲。所以你看,时间也永远无法改变这一事实——分手不易。

第2章

社交技巧与礼仪

真正的人际网络，一定是由两个现实中的人建立在有意义的连接之上的。

——乔治·托尔，许多优秀男士的导师

近年来，社交网站逐渐增多，刚开始人们只是偶尔登录玩玩，如今却再也离不开它。前一阵子，人们还沉醉于为更新状态点赞，下一秒，就迷上了"即刻分享图片"的 App 应用。人们沉醉于标记（tag）、评论、PO 图、转帖、分享链接，乃至看有多少人关注自己。有些人甚至会觉得在一个社交网站玩不过瘾，混迹在多个社交网站，确保不会错过任何感兴趣的事情，或是被任何人错过。许多男性变成了"低头族"，只顾盯着社交网站上的高清图，却忽略了真正的社交是与身边人面对面沟通。学习见面的艺术、适当的问候、真正了解别人——不但有益于扩大社交圈，也会为个人和职场生活增值。公共关系和营销大师乔治·托尔正是其中翘楚。乔治有着播音员一般的好嗓子，浑身散发着迷人的魅力，到哪儿都有自己的哥们儿。他自信、开放、喜欢广交朋友，这使得他有着极其稳固的朋友圈。

乔治的交友秘诀也很简单："看着对方，做个自我介绍，和他握手，然后看看他最在意哪些事。他们是喜欢跟你谈孩子、工作、运动，还是只是想谈论自己呢？我会问问他们关于家庭、友谊或信仰方面的问题。我会尝试着聆听他们的心里话，然后跟他们建立连接。"每结交一个新朋友，乔治都会把他介绍给与之有相似兴趣、需求或境遇的另一个朋友。"这样，他们就是朋友了，就可以建立新的连接。我就不用时时跟进，少了不少负担与压力。我的任务就是为他们牵线搭桥，然后消失，哈哈。"

乔治明白：真正的人际网络，是由两个现实中的人建立在有意义的连接之上的。他始终秉承这一信念，致力于建立良好的商业伙伴关系，建立了良好的商业声誉，朋友圈越来越广。

最重要的是，乔治有着这样一种天赋：与新朋友交好，介绍新朋友介入自己的圈子——他如此虔诚地使用着这项天赋。"我的朋友们明白我值得信任，并且会把他们介绍给合适的人。"

如何握手

你需要的是：
· 洁净的双手
· 真诚的微笑
· 自信

花费时间：
· 3秒钟

要想给别人留下良好的第一印象，握手时的一招一式相当重要。在西方，握手的传统可以追溯至中世纪——起初是用来告诉对方自己手里没有携带暗器，表达友好的。而对于重视信誉、尊重和荣誉的人而言，这一传统同样也适用于千百年后的今天。掌握以下的握手技巧，将有利于向新朋友、老师、老板，甚至未来岳父岳母，更好地传达你的友好、自信和尊重。

第一步　进行眼神交流

当你想要和别人握手时，记得要看着对方的眼睛。但别直勾勾地，把人盯得毛骨悚然。

第二步　准备握手姿势

右手手掌张开，拇指朝上。在你身体中心的方向，向对方伸出右手手臂。（距离握手对象1米左右）

第三步　和对方的右手相触

手掌依然保持摊开状态，拇指向上。右手手肘微微弯曲，在半米左右距离伸出右手，握住对方伸来的右手。

第四步　和对方的右手相握

温和而有力地握住对方的右手，注意力道不能太大。不仅要平伸手掌、轻触指尖，而且要指关节弯曲真正握住。（提示：握手时，假设对方的手是一只小鸟，你需要稳稳地握住它才不会飞走，又不能握得太紧，否则会将它压坏）。

第五步　表示亲切，上下轻摇

手腕力道适中，幅度为 5 厘米左右，上下轻摇一到两下即可。

第六步　适时松手，右手放回

尽量和对方同时松手。收回右臂，右手自然垂直。与他人握手后，切忌立即在衣裤上揩拭、摩擦自己的手掌，即使发现对方有手汗。

温馨提示

在许多文化中，眼神接触都代表了欣赏和尊重。然而也有一些地方的习俗认为，盯着别人的眼睛是不礼貌甚至猥琐的。所谓入国问禁，入乡随俗，礼节的学习和应用还要符合当地的生活习惯和文化风俗。（"When in Rome, do as the Romans do."是一句耳熟能详的英文俗语，说的正是在罗马与人打招呼行握手礼时，要看着对方的眼睛，保持眼神的交流。否则意大利人会认为你有什么藏着掖着的。）

如何介绍你自己

你需要的是:
- 自信地握手
- 友善地微笑

花费时间:
- 30秒

有时候你必须主动介绍自己。你需要采取主动,向别人介绍自己而不是等着别人先介绍。

充满自信的表达,会让对方感受到,你非常想结识新朋友,你很有兴趣扩大自己的朋友圈。

第一步　自信地靠近

挺胸、抬头,走近你将要会面的对象。

第二步　微笑

完美的第一印象首先需要的是一个友善的微笑。

第三步　进行眼神交流

直视他们的眼睛。但注意不要太过专注地(锁定)凝视,那会令对方毛骨悚然。

第四步　会面并打招呼

握手之前,先简单地打招呼,介绍下自己——可以介绍你的名字、潜在的人脉关系,和你介绍自己的理由。

例如："您好！我先介绍下自己，我叫艾伦，您和我父亲是同事。父亲告诉我您曾就读于×××大学，我正好也考虑报考这所学校。方便的话，可以请教您几个问题吗？您当初为什么选择这所学校，还有能否谈谈您在这所学校的学习经历？"

第五步 握手

自信地与对方握手，意在表达你的尊重、你的老练和开放友好。

> **聪明男人知道的那些事**
>
> "在现实世界的朋友圈子里扩展你的社交圈，完全不同于批量囤积虚拟在线好友数量。真正的朋友是你实际认识和熟悉的人，是那些有过实际交往的人。有真正的朋友们在身边，你可以处理好任何事情。"
>
> ——乔治·托尔

如何介绍别人

你需要的是:
- 两个或以上需要彼此被介绍的人
- 记住他们的全名
- 多说他们各自的优点

花费时间:
- 2分钟

适当为他人介绍两个或更多人认识,是你需要学习的重要技能之一。当你认识的人也知晓彼此,你将获得作为一个中间介绍人的美誉。中间人只负责为被介绍双方营造一个自然舒适的开场氛围,至于结果怎样,一切随缘。绝不可以一开始就把双方逼到尴尬的境地,比如上来就要对方互为好友什么的。当然,如果他们合得来,那就太好了。

第一步 表示尊重

如果有女士在场,先介绍女士。如若没有,就从年长者开始,而后是同他们一道而来的人。依此类推,直到最年轻的。

第二步 称呼全名

在介绍时最好称呼他们的全名。例如:
"教练,我想介绍下我的父亲,罗伯特·卡瑟曼。"
接下来,向父亲介绍教练:"爸爸,这是我的主教练克里斯·摩尔。"

第三步 分享一些个性化的内容

人们总是渴望了解和被了解。你需要从个人的角度,谈谈你所介绍的人的闪光点。例如：

从父亲开始介绍："教练，你知道吗，两年来我爸从没有错过我的任何一场比赛。"

然后把目光转到教练："爸爸，你一定会感到自豪的，摩尔教练和你毕业于同一所大学，当年他还是一位国家运动员呢。"

第四步　重复被介绍人的名字

介绍过程中，可以重复被介绍人的名字，这样别人能记住他们在与谁聊天。

第五步　建立双赢

发掘并告知他们为什么需要认识彼此。例如：

"摩尔教练，我记得你说过要我们努力提高下半学期的成绩。嗯，我爸爸是一名工程师，经常教我做数学作业。如果可能的话，他可以每周辅导我们两次。"

第六步　后退一步

介绍他们双方认识后，你就可以转身离开，让他们自己聊聊了。你告诉他们彼此的名字、个人信息和双赢的机会。接下来，放手让他们自己沟通交流吧。

如何为别人开门

你需要的是：	花费时间：
·铰链门	·5秒

无论是为了表现你的绅士品格，抑或为了展现你风度优雅，为别人开门都是个不错的选择。不管对方是你熟悉的还是全然陌生的人，为其开门都会显得你尊重他，你为他考虑。这样一个表达善意的简单举动，却足以让你的女朋友乃至上司欣赏你，为未来奠定良好的基础。当然，其结果好坏仍然取决于你是否知道为何开门，以及何时该为别人开门，也取决于你是否清楚该怎样推门、拉门或是通过。

第一步　了解为何帮人开门，何时为人开门

为什么要帮他人开门呢？也许你感到疑惑。因为你是一个足够体贴、尊重、耐心、周到、谦虚的"五好"男人，因为你习惯以对方喜欢的方式行事。无论何时，只要你的姐妹、母亲、祖母、女朋友，甚至其他女性与你同时穿过一道门时，你都要主动为其开门。包括你的老板、同事和客户，你的教练、老师、校长、代课老师乃至传达室门卫，尤其是食堂阿姨——简单来说，如果能有机会为别人开门，就顺手做了吧。

第二步　确定门打开的方向

是向左还是向右，向内或是向外？你需要观察把手和铰链：例如，如果可以看见铰链且把手在右边，那么门就是向左开；没有看见铰链就意味着需

要推开门；门上的推杆是告诉你，推动它就行了。

第三步　提前就位

你需要先于对方一两步到达门口。避免强行挤过人群去开门，这会使得夹道拥挤，更会让对方尴尬，从而躲着你。

第四步　开门

推开门时，先行通过并为对方挡住门，直到对方安全通过。

第五步　不要让人等着

你没义务为身后的每个人开门。为少数几个人挡一下门是表达友善，为大队人马开门那就是门童了。并且，让与你同行的人在一旁等待实在有些无礼。所以，在下一个要进门的人还有几步之遥的时候，让门自动关上就好了。

你知道吗？

自动门至今已有两千多年历史，最早起源于古希腊。古希腊学者海伦，好吧……也有人称其为亚历山大的希罗、希罗等，是活跃于亚历山大时期的古希腊数学家、力学家、机械学家，被认为是人类所知最早的自动门发明者。他出色地运用了一系列液压驱动砝码、绳索以及滚轮装置去开闭城池以及神庙的大门，开创了人类自动门的先河。

如何摆放西餐餐具

你需要的是:
- 餐盘
- 银质餐具
- 红酒杯
- 餐巾纸

花费时间:
- 每套餐具30秒

准备就绪了吗？那首先让大伙入座吧。尽管宅男和球迷们的最爱是快餐，不过就享受美味而言，还是坐在餐桌前慢慢享用最让人回味。并且，在摆放餐具的过程中，你实际上是在用一种休闲的方式邀请你的家人朋友坐下来，享受美食，享受相聚在一起的美好时光。

第一步　放置主餐盘

将主餐盘置于餐桌边缘约2.5厘米处，客人座位的正前方。

第二步　摆放侧餐盘

如果菜单中有沙拉或面包，在主餐盘左上方放小一些的侧餐盘。

第三步　摆放叉子

叉子统一横向摆放在主餐盘左手边2.5厘米左右的位置。离餐盘最近处摆放餐叉，较小的甜点叉放在最左边。

第四步 **摆放刀具**

刀具摆放在主餐盘右手边 2.5 厘米左右的位置。刀刃朝向餐盘。

第五步 **放汤匙**

汤匙放在餐刀的右边。

第六步 **放水杯**

水杯放在餐盘右上角，刀具以上的位置。

第七步 **摆放餐巾**

将餐巾摆放在叉子的左边。

第八步 **摆放下一组**

每两组餐具中间预留 60 厘米的富余空间。

聪明男人知道的那些事

"你需要谨记，女朋友的父母往往出其不意给你出难题，看看你是不是配得上他们的宝贝女儿。测试方法之一就是邀请你去家里吃晚饭，然后请你帮忙摆放餐具。你是否知道刀叉应该被放在哪一边？你是否闭着嘴咀嚼？这些简单的小细节，会给他们留下深刻印象的。"

——乔纳森

如何在西餐厅点菜

你需要的是：
- 西餐厅
- 菜单

花费时间：
- 3分钟

哥们儿，别只会点几号套餐了。从满墙的图片点餐单里选出一个超大型的三号套餐，对于男人来说这太简单了。想要显得更Man，你需要坐下来，将餐巾铺在腿上，手执菜单点菜。这样固然需要更多准备时间，等得更久，但同时也意味着你可以吃到你喜欢的餐食，你会收获更丰富的味觉享受，以及截然不同于套餐党的体验。来吧，像下面这样，带领你的朋友们品尝经典的三道式西餐。从此以后你会发现，拿菜单点菜才是你外出就餐的首选。

第一步　点饮料

首先，你需要考虑点什么饮料，先把女士们的需求告知服务生，如果有人想喝白开水，也最好提前询问并下单，要知道，有些餐厅并不主动提供免费白开水。

第二步　查看菜单

接下来，从头查看整本菜单。第一页一般会是前菜/开胃菜；紧随其后的是主菜/正餐和附加菜；最后是甜食或点心。在服务员前来拿走菜单之前，尽可能先缩小选择范围。

第三步　搭配前菜

如果有份前菜看起来不错，可以问问其他人是什么意思，看看他们是不是也打算在餐前吃些开胃菜。最好照顾到每一位就餐者的口味。

第四步　询问特色菜

询问服务生，有没有什么今日特色菜。在服务生描述过相应的菜品后，从中选取令你感到颇有食欲的特色菜并询问价格。要记住，餐厅的特色菜可能比日常主菜贵。

第五步　点主菜

女士优先，依次告知服务生你们要点的主菜。确保你已看到并选择了与主菜对应的附加菜。如果附加菜选的是沙拉，还需要选择你中意的沙拉调料。

第六步　考虑餐后甜点

主餐结束后，考虑餐后甜点。多数餐厅可接受两人合用一份甜品。

事实还是谣传？

餐厅菜单本不干净。

事实。也许，你曾看着某家餐厅的菜单，心里抱怨，"呃，这儿的水煮鱼和特色南瓜串看着就让人倒胃口。"不过，你有没有想过，你手上的这个菜单本也足以让你倒胃口？很少有餐厅会在不同顾客点餐后给菜单消毒。这也就意味着，某些食客不干净的手曾动过你手上的这份菜单，而你接着点菜、触摸食物、用手把食物放嘴里……点餐时接触菜单不可避免，但用餐时，就要避免用手直接动盘子或餐具。建议：点餐后记得洗手！

如何给小费

你需要的是：
- 良好的服务
- 钱

花费时间：
- 30秒

在服务业，给服务生打赏的惯例已经存在了数百年。通常打赏的金额/费用也称为"小费"。在英文中，小费这个词是"tips"，是短语"to insure prompt service"的首字母缩写，这个词原意是"保障快捷的服务"。几百年前的小费，是在接受服务前打赏给服务生的。当时的人们是想要确保自己能够比不给小费的群体得到更快更好的照料。而如今的小费则是在接受服务后给予的，意在表达对服务人员从速办理业务或良好服务的赞许。

第一步　评估服务质量

想想这里的服务水准，是高于、低于，还是与你预期的水准持平？

第二步　做个简单的数学题

标准服务质量的平均小费是15%，不包括折扣或优惠的税前账单金额。也就是说，如果你的税前账单金额为25.00美元，你需要支付的小费为3.75美元。

服务质量低于标准水平时，支付小费 = 10% × 税前账单金额

服务质量与标准持平，支付小费 = 15% × 税前账单金额

服务质量高于平均水平时，支付小费 = 20% × 税前账单金额

第三步 给小费

当你支付电子账单时,将小费附在结账账单后。

如果你是用现金来支付,离开时将小费放在桌子上即可。

小贴士

要注意!对于5人或以上的就餐团体,一些餐馆会在账单上自动添加酬金或"服务费"。那么这些小费支出包含哪些呢?

服务人员 = 10%~20%的税前账单费用

泊车员 = 1美元~3美元

衣帽间服务员 = 1美元/外套

洗手间服务员 = 1美元

送货司机 = 15%

咖啡馆小费罐 = 5%~10%

如何包装礼物

```
你需要的是：              花费时间：
·礼物                    ·5分钟
·礼物包装盒
·节庆日礼品包装纸
·卷尺
·剪刀
·丝带或缎带花
·胶带
```

"好吧，至少我的心意到了。"——如果你把礼物包装得很糟糕，是不是经常这样自嘲呢？拜托了，老兄，请别这样自我安慰！礼物固然重要，但包装也相当重要！包装得精美总比包装得简陋更吸引人，更让人记忆犹新。所以，用心包装你的礼物吧，收到礼物的那一方（尤其是女人）可能会将你的礼物和包装一并收藏，以纪念你是那么贴心。这样岂不是更好？所以，只要遵循以下简单几步，熟能生巧，你的礼物包装就不会再让对方看一眼就想扔掉，而是会让对方眼前一亮。

第一步　收集所需材料

把收集好的礼物盒子、包装纸、胶带、丝带和剪刀等分别摆在桌上。

第二步　将礼物装入盒中

把礼物装进一个大小合适的盒子里。如果是易碎品，还需要加上填充物。

第三步 测量包装纸

摊开包装纸，估算下大概要用多长，最好能包裹住礼物，然后富余几厘米。

第四步 裁剪包装纸

裁剪出你需要的长度。尽可能沿直线裁剪。

第五步 修剪包装纸

修剪包装纸四条边，最好使它们包起来能够完全覆盖整个盒后稍短一些。

第六步 包装四个面

将礼物盒小心倒置在包装纸正中央，选取包装纸的其中一条长边向上折叠，包裹住盒顶。

在盒底中心位置，用胶带固定住长边的边缘。另一边重复如上步骤，用折叠褶皱的多余部分盖住包装纸长边的末端，隐藏切割边缘。

第七步 包裹住一端

在还未包裹的两端中选取其一，将包装纸往下折叠，直至触及盒子的侧面。这会使得包装纸在两个侧面上各呈现出一个三角形。

将两个三角形往内折叠并用胶带固定，然后把包装纸多出的边缘部分沿着盒子末端进行折叠并加以固定。

第八步 完成其余部分的包装

在另一端重复第七步。

第九步 用缎带花或礼品丝带加以装饰

用缎带花或礼品丝带装饰你包装完的盒子就可以收工了。

当然如果你想挑战一下，也可以先用一条丝带把礼盒包好，再用你手工制作的礼品花进行装饰。

聪明男人知道的那些事

"圣诞节的时候，给家人送礼物，我都会专门买包装纸，然后请求礼品包装公司进行设计和包装，通常哥哥一看到包装，就知道礼物是我送的了！"

——史蒂文·赖特，美国喜剧演员和作家

如何清洁浴室

你需要的是:
- 橡胶手套
- 淋浴清洁喷雾
- 擦窗喷雾
- 马桶清洁除污剂
- 消毒清洁剂
- 马桶刷
- 超细纤维布或纸巾
- 扫帚和簸箕
- 地板清洁剂
- 拖把和水桶

花费时间:
- 15~30分钟

房子是你统治的城堡,城堡的整洁与否,体现了你是否是真正的王者的身份。浴室清洁与否,更可能给来客留下深刻的印象——或让他们对你好感倍增,或让他们对你徒增厌恶。他们可能无意中瞥见你的药剂箱,窥探到你私人生活的蛛丝马迹,也可能注意不到。但马桶圈上的明显污渍,以及镜子上干了的牙膏沫,他们一定会注意到。整洁干净的浴室,不仅对健康有利,更是展现你内务整理能力的切入口。

第一步 整理浴室

拿走所有不属于浴室的东西,将它们放回适当的位置。

第二步 擦洗淋浴设备和浴缸

拆卸淋浴设备,然后喷点清洁喷雾。由上而下擦洗墙壁和浴缸,抹布做圆周运动清洁污垢。向整个区域喷洒清洁喷雾并用水冲洗,然后用湿布擦拭干净。别忘了还要清洁你的水龙头和花洒。

第三步　打扫厕所

戴上橡胶手套，往马桶边缘倾倒清洁剂。使用马桶刷擦洗马桶，里里外外都刷干净。使用消毒清洁剂喷洒马桶外部，包括扶手、马桶盖和马桶座。用纸巾擦拭马桶的表面部分。脱下手套，继续打扫浴室的其他角落。

第四步　擦拭镜子

将喷雾喷在镜子上，然后用干净的布或纸巾擦拭。

第五步　擦拭台面

使用消毒清洁剂，喷洒台面、水槽、固定夹具和水龙头。使用干净的布或纸巾，擦拭干净所有表面的斑点或条纹。

第六步　清洁地板

从里向外，将地面扫干净。将地板清洁剂按比例兑入水桶内稀释，然后用拖布蘸取，再由里朝外拖地，直到门口处。

第七步　把垃圾清理出去

清空垃圾桶，并确保内部洁净。

温馨提示

在冲马桶之前，要盖上马桶盖。

水流冲击马桶内壁时，小滴的尿液和粪便等排泄物可能通过空气传播（马桶内的瞬间气旋最高可以将病菌或微生物带到6米高的空中，并悬浮在空气中长达几小时，进而落在墙壁和牙刷上）。鉴于此，最好把牙刷放在专门的抽屉里，或者尽可能远离厕所放置。

如何整理床铺

你需要的是：
- 床垫罩
- 床单
- 毯子或被子
- 枕头
- 枕套

花费时间：
- 1～3分钟

为什么一个男人需要整理床铺，过不了多久还不是要回来睡？因为一个成熟男人的房间看起来必然是整洁的，而不是床铺乱糟糟的，看着好像你梦里跟人打了一架。其实只需一分钟，就可以简单整理好床铺，这远远好过让你的朋友们进屋就看到沾了口水的枕头和脏得发硬的床单。

是的，没错，我们明白，那些是你从孩提时代就习惯了的。那么现在，是时候成长为一个成熟的男人了，让我们换一床新的被褥，并开始学着铺床。

第一步　铺设床垫罩

把床垫罩摊平套在床垫上，确保下摆的松紧带完全包裹住整个床垫的各个角。

第二步　铺设床单

把床单铺在床垫罩上，上端与床头对齐，下摆悬在床尾。

第三步　固定床单

床尾用床垫的一角固定床单。将床单多于床体的部分卷起并塞进弹簧床垫和床褥中间的空间进行固定。各个角都这样整理一遍。塞底部的长度要大于床褥和弹簧床垫之间的空间。重复这个过程。

第四步　将毯子铺平在床上(可选)

如果你希望你的床铺能带来多层次的温暖，那么也可以重复第三步，再盖上薄毯。

第五步　铺上被子

确保被子的两边和底部均匀地铺在床上。

第六步　放置枕头

将套上枕套的枕头拍一拍显得蓬松些，放置在床头。

> **小贴士**
>
> 每年更换枕头是个良好的生活习惯。事实上，夜间使用不满两年，枕头里的三分之一都是死皮、尘螨及其粪便。该有多脏！定期更换成新的枕头，你才能真的安睡到天亮——别让螨虫细菌从枕头里侵害你的健康。

第3章

工作与道德

"生活中有一套固定的核心价值观,当你学会将这些核心价值观在生活中融会贯通,它们将彰显你的为人处事之道。不管你从事的是什么职业,手拿扫帚还是挥动球拍,都无须感到担心,因为你总能做到最好。记住,一个人所从事的职业并不能定义他是一个什么样的人——一个人对待工作的态度才真正彰显了他的本色。"

——"棒球之星"本纳姆兄弟之父

两千五百年前，中国古代哲学家孔子说过这么一句话，对待任何事业和学问，懂得它的人不如喜欢它的人，喜欢它的人不如以它为乐的人（子曰："知之者不如好之者，好之者不如乐之者。"——《雍也》）。这句至理名言起源于公元前五世纪，却因为它们一针见血而源远流长。当你喜爱你的工作时，上班就成为一件美好的事儿。可是，要怎么才能办到呢？两位本世纪的哲人的故事证实了热爱是成功的法宝，从孔子乃至更早的先人无不如此。

"工作是美好的，尤其当你所从事的工作内容恰恰落在你高超天赋和无限热忱的相交点上。就如同上帝让亚当在伊甸园里劳作，而亚当惊觉工作竟如此美好——好似他就是为此而生一般。"

杰森·本纳姆和大卫·本纳姆兄弟所代表的当代智者团队认为，爱上自己所从事的工作的秘诀在于，找到一个你终生热爱，且极具天赋才华的工作。是的，历史已然证实了这一点。可是这个理论直至今日依然适用吗？也许你不置可否。让我们走近本纳姆兄弟的工作和生活，看看现实是否真如他们所言。

杰森和大卫是一对同卵双胞胎兄弟，他们是连续创业者，也是本纳姆公司的创始合伙人。两兄弟相当热爱他们的工作。他们这样说道："我们简直不敢相信，做自己喜欢的事情就赚了钱。"大卫说："我们非常喜欢自己的工作，我们热爱最纯粹的工作状态，就好像是上帝的安排，好像我们天生就是来干这个的。"

他们肩并肩共同获得的成就，不仅仅局限于工作，也包括他们的个人生活、运动事业，以及商业领域。很快，他们笑谈："我们还共享过一个子宫、一个房间、一个赛场，如今，共享一个办公室。哈哈。"

同时，他们也共享失败。他们曾经到达过人生顶峰，也曾跌入生活谷底，但他们再次攀爬的脚步从未停歇。在奋斗的途中，他们也逐渐吸取了宝贵的经验和教训。回顾往昔，两人都不约而同地感慨道：没有职业生涯第二季度的转变，就不可能获得今日的巨大成就。

兄弟俩的第一份工作，起点不可谓不高。大学毕业后，这对双胞胎就直接被选进职业棒球队，没多久，两人就穿上了圣路易斯红衣主教队队服。四年起起伏伏的比赛生涯后，他们光荣退役，回归到踏踏实实的生活中。

"名望都是暂时的。"兄弟俩坦言道。但从顶尖的职业棒球选手"沦"（转变）为一名普普通通的劳务工作者，可想而知，他们内心的落差有多大，这种失落感远远超出了他们的预期。大卫在一所高中找了份门卫的活儿，每天打扫教室；杰森则干起了销售，勉强糊口。无疑，他们都养活起自己，不过工作并没有给他们带来多大的成就感，两人反而常常有种早已被社会这个赛场"三振出局"的茫然感。直到某天，他们突然想起了父亲的一句忠告：用心工作，方显自我价值。从此以后，他们在职业生涯才开始击出了本垒打。

"孩子们，生活中有一套固定的核心价值观，当你学会将这些核心价值观在生活中融会贯通，它们将彰显你的为人处事之道。不管你从事的是什么职业，手拿扫帚还是挥动球拍，都无须感到担心，因为你总能做到最好。记住，一个人所从事的职业并不能定义他是一个什么样的人——一个人对待工作的态度才真正彰显了他的本色。"

父亲跟他们说这些时，还是在很久以前，当时两兄弟还没有开启棒球生涯，也尚未开始打扫过道前厅。父亲意在告诉两个儿子，是专家还是新手并不重要——在这个问题上，从地球上有史以来的第一个工人开始就没有什么不同的。而关于为何工作以及如何工作，每一个人面前只有以下两个选项。

选择1：不论从事何种职业为生，遵从一定的核心价值观并且尽忠职守追求卓越。

选择2：找份工作，只为获得报酬，然后每天看着点下班。

经过仔细考虑，本纳姆兄弟俩明智地选择了前者。他们各自在工作领域倾力奉献，遵从三个核心价值观（见下文），无论在什么工作岗位上始终精益求精。大卫在那所高中的打扫虔诚得几近朝圣，杰森完成每项任务就好像他是在为国王陛下效力。自此，卓越成了他们的工作信仰，而他们也渐渐地感受到了这种悄然转变。"就好像有重压从我们的肩膀上被移走。我们仍然非常努力地工作，但工作变得愉快起来。我们开始明白工作不是为了自己，而是在超越。"

毫不夸张地讲，大卫和杰森是在艰苦和辛劳中领悟到了工作的真谛。而后他们的职业生涯和个人生活都开始转变。所以，当后来美国职棒联盟再次邀请他们重归大联赛时，父亲丝毫不感到奇怪。而这一次他们没有选择穿上棒球服，重回赛场，而是定制了西服，准备进军房地产领域。兄弟俩计划五年内，让他们的名字陆续出现在世界顶尖商业刊物的一流商人名单上，比如：*Inc.* 杂志、《企业家》杂志、《安永》、《华尔街日报》、《商业领袖媒体》等顶尖商业刊物。最终，他们凭借卓越的工作品质和人格魅力享誉全球。

时至今日，本纳姆兄弟俩在人生赛道上已然登顶。两人一同成了行业内顶尖级商人，他们也将继续在生活和工作中遵从相同的三个核心价值观——也是人类有史以来关于劳作的核心价值。通过把自己的无限激情投入到所擅长的领域，使得对工作的热爱变成了一种使命感。"我们的目标是向企业家、企业主和经理人们发起挑战并邀请他们加入，使他们的团队深入理解到，我们的存在是为了帮助别人。我们是生而造福众人的！"

三个核心价值

本纳姆兄弟成功的秘诀，始于他们选择遵循从孩童时期学到的三个核心价值，并且沿用至今。这三个核心价值观，简单而深刻，却鲜明地代表了俩人的人格修养和专业素质。

核心价值#1——关注细节。

完美地完成工作中看似微不足道的部分，你将获得进阶关键事务所需的信任。以下是三个示例：

- 正确着装，因为这代表公司形象。
- 及时到岗，提前几分钟尤佳。
- 积极主动，始终保持工作状态而不是等别人来提醒。

核心价值#2——成为活水不断的喷泉，而非下水道。

相较于你期望的薪资水平，你的工作必须为雇主带去更高的经济价值。这是公司持续经营的唯一途径。以下是三个示例：

- 在工作中始终做到最好，即使你觉得应该得到更高的工资。
- 让手机休息，直到午饭或下班后。薪水不是让你上班时间发消息、打游戏、浏览网页或者更新状态的。
- 不要有在公司行窃的念头。有研究表明，比起传统商店扒手，员工监守自盗的更多——不要成为其中一员。

核心价值#3——勤奋是一个人最宝贵的财富。

当你为自己的工作感到自豪了，丰盛的奖励也会随之而来。除了获得报酬以外，做好每一份工作，同样也会给自己带来极大的满足。以下是三个示例：

- 就像持有这家公司的股份一样去工作，终有一天梦想会成真。
- 就像老板在场时那样努力工作。
- 永远只做正确的事，即使在没有人注视着你的时候。

如何申请一份工作

> 繁重的工作好似聚光灯,将各人身上的特质照亮:一些人撸起袖子准备干,一些人嗤之以鼻嫌弃无比,一些人则能躲就躲。
>
> ——萨姆·厄文,前职业棒球球员,
> 前芝加哥白袜队、多伦多蓝鸟队队员

你需要的是:
- 工作申请
- 简历和求职信
- 固定电话或手机

花费时间:
- 各不相同

第一步 与用人单位取得联系

给用人单位打电话,询问是否有空缺。如有机会,弄清如何申请。询问并记下招聘经理的名字,确保未来求职可以马上找对人。

第二步 填写申请表单

现如今很多公司都要求申请人在线申请。某些公司也可能会邀请你亲自去现场完成申请,届时请一定记得着装得体。并且,尽可能将申请表各项内容填写完整。

第三步　准备一份个人应聘简历

如有必要，准备一份应聘简历，连同求职信一起放在工作申请中。

第四步　校对

提交或投递前，务必对你的简历、求职信和申请内容进行仔细编辑和校对，确保准确无误。这是给招聘经理留下良好第一印象的关键所在。

第五步　提交申请

但凡有可能，亲自前往用人单位提交申请(除非雇主只接受在线提交)。着装职业化，确保给对方留下良好的第一印象。谨记，穿着职业化表示你愿意穿着适合工作的服饰，以满足用人单位的期望。个性化的服饰，只表明你个人对于工作时穿着的期望，对工作无益。

第六步　后续跟进

在提交申请几日后，可拜访用人单位，尽量亲自与招聘经理面谈。首先确认你的申请是否已经被收到以及被评估，然后时刻准备好回答招聘经理的问题。

小贴士

仅在一个主流求职网站发布你的简历远远不够。

每个知名招聘求职网站平均每周都会发布约50万份简历。想从海量而千篇一律的简历中脱颖而出吗？最好的方法就是，亲自前往用人单位投递简历。

如何填写工作申请表单

你需要的是：
- 空白申请表单
- 黑色或蓝色中性笔
- 证明人
- 身份证明材料

花费时间：
- 30～45分钟

永远不会有第二次机会去制造第一印象。在求职应聘过程中，你的申请表就是第一印象。你所填写的申请可以让潜在雇主瞥见你是个什么样的人，以及你做过些什么，从而留下印象。所以，整洁、完整和专业化地去填写，永远不失为入门的好方法。

第一步　明确目标市场

找工作期间总需要收集不少相关的资料，而在此之前，你还需要做攻略，以节省这部分的用时。首先锁定大致的目标，这就好比在正式上路之前，查询交通路线以节省油耗费用。

第二步　妥当穿着留下好印象

在搜集并填写职位申请表单时，得体穿着。因为有时你会发现自己在和招聘经理本人谈话，甚至在你笔试后，他会立即要求你进入面试环节。

第三步　阅读申请表上的所有说明文字

落笔之前，详细阅读所有说明条款，确保理解无误。

第四步 填写申请表单

用中性笔据实填写完整份表单，尽量工整干净。详细填写之前的工作经历。一般还会要求提供两三个证明人。描述你和每个证明人的关系并提供其联系方式。

第五步 补充文件

为了验证你的身份，用人单位可能会要求你提供驾驶证或身份证的复印件等。

第六步 校对

仔细确认你的申请表单填写无误，确保给招聘经理留下良好印象。

第七步 提交申请表单

填写完申请表单各项之后，穿着得体地前去和经理谈话，或是获邀参加该职位的面试。

事实还是谣传？

体力劳动职位，无须注重申请表单的书写？

不是这样的！

事实上，申请表单上的拼写错误越少，越有可能受到招聘者的青睐。语法错误越多的申请表，则越有可能被扔到垃圾桶。如果你对某个词的用法有疑问，那就首先查字典确定下，再去填写。

如何面试一份工作

你需要的是：
· 工作简历
· 证明人列表
· 推荐信
· 适合面试穿的服装
· 问题列表
· 感谢信

花费时间：
· 不尽相同，一般为10~30分钟

恭喜你，你想要的就在眼前了！现在你要面对的，就是未来的老板，你必须搞定他，才能得到这份工作。所以，请正确着装，举止得体，注意礼貌，尽量给他留下一个好印象。要知道，面试中的分分秒秒都极其珍贵，你要抓住一切机会展示自己，有备而来，自然也当然不会"失望而归"。

第一步 自我剖析

确定自己感兴趣的职业。列出提纲，简要概括自己的相关技能和资格证书。

第二步 找寻一个职位空缺

查找与你的兴趣、技能和资质相匹配的职位空缺。

第三步 研究招聘企业

收集相关信息，包括公司目标、工作标准和任职资格等，以确定你是否匹配这份工作。

第四步　做充足的准备

提前演练面试流程，确保正式面试时足够自信。系统化地整理出一个求职档案夹，包括一份简历、证明人列表和至少一封推荐信。

第五步　妥当穿着留下好印象

选择得体的着装，着装要适合公司标准，或者略高于公司的专业要求。别穿你最爱的幸运 T 恤衫什么的，也别穿着下垂的裤子和休闲帽衫；别戴帽子或耳机，也别喷古龙水；少用带金属拉链的钱包，或是在衬衫外搭配"黄金"项链。

第六步　保持专注

面试期间，仔细倾听并清晰回答面试官提出的问题。无须赘述，回答要简洁明了。

第七步　问出好问题

准备一些可以向面试官提出的好问题，这些问题可以是你想要了解的专业性问题，也可以是相关的工作时间安排、绩效期望等。

第八步　后续跟进

面试结束后，发一封感谢信给面试官，这将有助于加深招聘人员对你的印象，从而增加求职成功的可能性。你可以在感谢信里提及你的职业资质，并重申你对该公司的兴趣，以及你身上符合该职位需求的闪光点。

聪明男人知道的那些事

"并不是说你必须要西装革履地去面试,但确实需要根据目标职位进行相应的穿着打扮。至于刺青文身和穿孔什么的,就不要展示出来了吧。在面试中你需要用更职业化的方式去表达你的自信、求知欲和你引以为豪的工作能力。"

——基诺·昆塔纳,
休斯敦北部希尔顿酒店及度假村宾客服务经理

如何申请加薪

你需要的是：
· 对当前薪酬水平的调研
· 工作成就列表等加薪筹码

花费时间：
· 30分钟

工作了一段时间，你感觉自己的工作能力足以申请加薪了。

好吧，先排队，排长队。将近一半的人自认为值得被给予更高工资，然而几乎没什么人主动要求加薪。大多数人都习惯等着公司给自己加薪，当老板没有给自己加薪时，又觉得被轻视了。获得加薪的最佳方法其实很简单，别再漫漫"等待"了，加入"申请"的队伍中吧。如果你的要求足够合理，如果你平日里足够可靠且努力，如果你已经勤勤恳恳数月有余，也许是时候申请加薪了。你要记住的是，加薪一事，你不主动申请，很可能就没戏。

第一步　进行薪酬水平调查研究

掌握同岗位的薪资行情。

第二步　评估当前工作环境氛围

根据公司营业状态和你的从业状况，尽可能选择一个合适的时机提出加薪请求。

第三步　安排一次讨论

你需要当面向老板请求加薪，而不是通过电话、短信或电子邮件。

第四步　为这次会晤做好准备

概括你的工作成就，并自信地列举出你值得被加薪的理由。你要怎样在面谈中说服你的老板，为什么你应该得到更高的薪水？这些问题都要提前想想。

第五步　和老板面谈

亲自向老板恳切、清晰地表达你的请求。无论他做出什么样的决定，都准备好接受吧。

> **你知道吗？**
>
> 雇主支付员工的工资水平不得低于联邦法律规定的最低工资标准。然而，有些州允许雇主将服务小费包括在最低工资标准计算范围内。因此，如果你是在服务行业工作，请求加薪时，还需要明确加薪这点事儿如何影响你的小时工资和小费总数。

如何要求升职

> **你需要的是：**
> · 在当前职位上的业绩证明
> · 公司内部的职位空缺
> · 对你自身专业优势的清晰理解
>
> **花费时间：**
> · 15分钟

想知道获得职位晋升的最好方法吗？

这并不是火箭航天技术一般高深复杂的机密（除非你是在美国国家航空航天局工作）。升职的基本定义在于升级，进阶，获取更高的职位。所以想要成功升职，最好的方法莫过于力求工作能力更上一层楼。这意味着你需要履行承诺，把工作尽力做好。而一旦你在工作中表现得近乎完美，你的老板也就会了解到，你已经准备好接受更高层次的挑战。

第一步　考虑公司当前的环境氛围

如果公司正在裁员，那现在可不是向老板提出申请的好机会。

第二步　确认岗位需求

如果刚好有一个职位空缺，可以选择申请这份工作。若是公司内部并无空缺，你需要自行判断公司中欠缺的人才，以及这个岗位需求和你自身的匹配度。

第三步　评估你的长处

突出你对公司的贡献，并时刻准备将这些呈现给你的老板看。

第四步　与老板沟通

与老板安排一次面对面的会晤，讨论你的升职潜力。

第五步　落实到实处

概述公司岗位体系中欠缺的部分，以及你是如何完美地符合该部分的需求。对老板可能提出的问题进行预判，并妥善准备相应答案以支持你的请求。

第六步　等待老板的决策

不要给老板施加压力，你只需要给他点时间去做出最终的决策。始终保持你一贯的良好工作态度和职业道德，无论老板的最终决定如何。

聪明男人知道的那些事

"我在商场的成功秘诀在于，我学会了信任、喜欢和尊重客户。"

——彼得·杰奥尔杰斯库，
扬·罗必凯广告公司前首席执行官

杰奥尔杰斯库先生儿时被诱拐，后在罗马尼亚被征入劳改营强制劳动。长达八年的分离后，得以重回美国和父母团聚。他开始上学，学习英语，努力工作，尊重别人并且也赢得了别人的尊重。最终，他成了一家跨国通信公司的首席执行官。

如何辞职

工作将占据你生命中的很大一部分，所以真正也是唯一能让你获得满足的就是去做你认为伟大的事业。而唯一成就伟大事业的方法是热爱你所从事的工作。如果你现在还没有找到这样的工作，继续找，别停顿。只要全心全意地去寻找，当你找到的时候，你的心会告诉你，它就在那儿。

——史蒂夫·乔布斯

你需要的是：
· 辞职信

花费时间：
· 至少两周

第一步　写辞职信

写一封专业而简洁的辞职信。这封信需要简明清楚，且不受个人情绪的影响，说明你的具体离职日期，概述你的成就，并且向你的老板和公司表达感谢。

第二步　编辑你的辞职信

确保你的辞职信中不含拼写和语法错误。

第三步　递交辞呈

在离职前至少两周，私下向你的老板或人力资源部门提交辞职信。在个人记录档案中保留一份辞职信副本。

第四步　索要推荐信

如果情况适宜，请求你的老板或领导写一封个人推荐信，将来可以用得到。

第五步　与继任者进行职位交接

帮助公司寻找下一位合适的继任者，在你离职前协助他。

第六步　确认你应得的员工福利

某些公司对员工有离职福利，离职前，请向人力资源部确认相关规定。

第七步　归还公司财产

在你离开之前，把手头上的公物返还到相应的部门。这将有助于你与公司好聚好散。

聪明男人知道的那些事

"有个美好的结束很重要。不要认为这是你在这个岗位、这个公司的最后一天了，就得意忘形般地告诉所有人你对他们、对这份工作的真实想法与感受。你永远不知道未来什么时候你又会再次和他们一起工作，甚至为他们工作。"

——吉姆·阿格纽，
美国华盛顿州贝尔维尤学区职业发展与工程教育导师

如何填写证明人

你需要的是：
- 熟悉你个人表现的、有一定社会地位的人物名单
- 他们的电子邮件地址
- 他们的电话号码

花费时间：
- 30分钟

不要随便给人惊喜，搞得好是惊喜，搞不好是惊吓。比如说，当事人没有许可，不要强行将对方列为你的证明人，那只能是拙劣的惊吓。在将任何人列入证明人列表之前，请务必事先询问。这样做，可以规避证明人对你做出负面评价的风险；你的潜在雇主会看到，证明人对你推崇备至。

第一步　列表

列出那些会对你的从业历史给出中肯评价的人员名单。

第二步　考虑发邮件询问

当无法确定对方是否愿意成为证明人时，先发送电子邮件询问他。如果对方同意做推荐，当然最好；如果对方不愿意，也避免了当面拒绝的尴尬。

第三步　拟一封电子邮件

撰写一封开门见山的电子邮件，明确表达自己正打算申请的职位，然后礼貌地询问对方是否愿意推荐自己，不要直接询问"你可以给我推荐吗"，而要礼貌地说："您方便成为我的证明人，并为我做推荐吗？"在这封电子

邮件里，你要写清楚以下内容：你将申请的职位是什么？为什么该职位对你如此重要？你想几时得到收件人的答复？

第四步　校对你的请求邮件

请别人校对这封请求信。选择一个能够如实告诉你请求信写得如何的人来帮你校对，如果对方仅仅说些你想听的，校对人的意义何在呢？

第五步　发送电子邮件

单独发送每一封请求邮件，切忌群发。每封邮件都要简单、个性化，比如在邮件中提及一些关于你们过往关系中的动人回忆。

第六步　后续跟进

收到答复后，发送另一封邮件，当然更好的选择是回个电话。无论对方的答复是同意还是拒绝，都要感谢他们的慎重考虑。

事实还是谣传？

男人要会写感谢信？

事实。美国人每年在感谢信上的花费在70亿到80亿美元，仅次于生日贺卡。每年都会有数百万人以这样的形式向他人表达感激之情。

第4章

财富与金钱管理

在成为一位成熟男士的过程中,你要明确的是,其实每一元的存储都是通向百元大钞的基石。

——戴夫·拉姆齐,当今社会顶级理财专家

根据美国联邦铸币局公布的消息，美钞的平均流通期限仅为 21 个月。从印刷完毕开始使用的第二年起，大多数的美钞就逐渐磨损退出流通市场。这是必然的。据估计，光正面拓印着美国国父乔治·华盛顿的一美元纸币，就要经历成千上万次消费、易手万余次，生命历程何其短暂；很少有人会把钱保存数日不花，更不用说那些长期投资的商人了，钱在他们手里存在的时间更短。不可否认，冲动型购买总能带来暂时的满足感，也无怪乎大多数年轻人习惯于把每一美元都花费在"想要"——而不是像成熟男性那样花费在"需要"上。在成为一位成熟男士的过程中，你首先需要明确的是，其实每一元的存储都是通向百元大钞的基石。

戴夫·拉姆齐，是全美备受信赖的商业大师、财经栏目撰稿人、电视和电台节目主持人，堪称当今社会顶级理财专家。拉姆齐先生通过栏目和作品，将自己充沛的能量和能言善道的天赋发挥得淋漓尽致，如今他利用自己强大的影响力向人们普及如何理财。任何人都想要脱离债务苦海、获得财务自由，拉姆齐先生根据亲身经历，和人们分享了他对于消费、储蓄的建议，也告诫人们勿深陷债务泥沼。

曾经，他也为负债苦恼，为冲破财务自由之路上的层层迷雾而不懈奋斗。时至今日，他终于成为了一名成功的战士。他和众人分享他探索的过程中获得的学识，告诉人们他是如何首先管理好自己而后另辟蹊径地理财，他教会人们如何走出负债奔向万能的金钱：

> 身无分文之后，我依然在继续探索——金钱究竟是如何运转的，如何才能加以控制，需要成为怎样的人才能真正掌控它。我竭尽所能，阅读了很多资料。我采访了年长的有钱人，那些赚了钱并且成功保有财富的人们。这一段探索历程最终将我带到一面镜子面前。在这面镜子里，我清楚地看到了自己的金钱问题，以及对于金钱产生过的疑惑和认识上的不足，也清楚地看到了自己是如何有这些困惑的，又是如何应对的。我开始意识到，如果我能够学会自我管理，那么我也能成为一个成功管理财富的人。

二十余年来，戴夫·拉姆齐为数以百万计的人提供咨询，教人们掌握金融策略从而成功理财。以下是戴夫·拉姆齐先生最受推崇的理财与生活常识的智慧语录：

"我们常常为了取悦我们并不喜欢的人，花未来的钱买我们并不需要的东西。"

"我相信，通过知识和纪律，经济稳定对于任何人都是可能的。"

"你必须掌控自己的金钱，否则缺钱将永远尾随你控制你。"

"现在你不学任何人去生活，将来你也不可能得到和他们一样的生活。"

"你得清楚地规划你的钱要用在哪里，否则它们就会悄悄溜走。"

"在负债的情况下你无法盈利。那不可能。"

"工作是最可靠的赚钱方案。"

"量入为出。"

量入为出吗？听起来很可笑的样子，但任意一个富有的人都知道，这是获得财务自由最快的方式。不过，你大概还会觉得，如果现在就能像个百万富翁一样生活就好了。谁不想呢？可也只是想想罢了。你最好实际一点，定个小目标，比如说，至少在退休时成为百万富翁。——拉姆齐先生的观点是，这倒没什么复杂的技巧可言，只在于你年轻时的选择。"你知道吗，只要你选择从30岁到70岁每月投资100美元，仅仅每月这100美元就够了——你是不是会问，需要额外去咖啡馆比萨店打工吗？甚至去做高尔夫球童？不，并不需要这样折腾。你只需要从30岁到70岁，每个月拿出100美元，放在在你的罗斯IRA（个人退休金账户）里，选择有不错增长水平的成长型股票基金进行免税的投资，退休时你就能拿到约1 176 000美元。到退休的时候，自然成为百万富翁。"

每个月要拿出100美元？是的，每个月只要100美元就够了。也许现在你感觉有点多，不过事实上，大多数男人并不知道自己每个月的钱都花在了哪里。你确定还能记起过去的一个月里买过的东西吗？所以，还不如把钱花在刀刃上，早为未来做打算，不是吗？想成为百万富翁的话，必须尽早学会理财，而不是永远被债务和欠款拖累。

如何做好个人预算

你需要的是：
- 横格纸
- 削尖的铅笔
- 计算器

花费时间：
- 30分钟

上学的时候，我们经常会听到有人在课堂上抱怨："为什么要学算术，简直了，谁以后用得着每天计算啊。"事实上，每一天我们都需要算术。通向财务自由之路的第一步，是必须用基础的数学知识来做个人预算。不会加减法，就无法判定支出是否超出了收入。成熟男士通过做好个人预算为自己增值，向着财务自由的终极目标更进一步；不成熟的家伙则迷失在债务和贷款里，无形中也降低了各方面竞争力。正如约翰·麦克斯韦尔所言："预算会告诉你钱该怎么花，会提醒你钱花在哪儿了。"

第一步　列出你的每笔收入

列出你每月获得稳定收入的所有途径。

第二步　算出你的总收入

以上总收入减去应扣个税，就是你的月收入。

第三步　列出你的各项花费

每个月你的钱都花在了哪里？列出所有。是的，每一笔！需要的话可以分门别类，但花出去的每一分钱都必须算清楚！

第四步　列出你的固定支出

看看哪些属于必不可少的固定支出——这里是指每个月需要支出的生活花销，主要包括房租、贷款、保险、生活费用等。

第五步　计算每月固定支出

将每笔固定费用支出相加，即得出每月的固定支出。

第六步　计算余额

收入减去固定支出。如果还有剩余，那么恭喜你，尚有盈余，算得上量入为出了，现在你可以直接跳到第九步；如果余额为负数，则意味着当前每月都处于亏损状态，开销超出了收入所能负担的范畴，你必须提高个人收入或是减少开销。

第七步　可有可无的支出

检查原始的花销列表，从中分辨出哪些是可有可无的支出。

第八步　认真看待每月不固定支出

如果你在第六步得到的是负数，已经处于亏损状态，则必须减少每月不固定支出（或提高个人收入），直到收支平衡。

第九步　关注你的财务状况

记录所有的支出款项。每月对现金、借记卡和信用卡交易进行记录和核查——这有助于你弄清你的钱都花在了哪里。

了解更多

你的每月预算中包括了慈善捐赠吗？

许多精于财务管理的男性都会留出月收入的10%做慈善。如果你打算这样，首先得知道你能负担多少，然后在预算许可的条件下，视情况增加或减少。

如何开设一个银行储蓄账户

> 从现在开始，每月都存点钱吧。要知道，有盈余的人可以掌控自己的生活，没有盈余的人终将受制于生活。
>
> ——亨利·巴克利

你需要的是：
· 收入
· 银行储蓄账户
· 个人预算
· 意志力

花费时间：
· 一年以上

第一步 创建个人预算

参见"如何做好个人预算"。

第二步 设定财务目标

你想存多少钱，以及你想要什么时候存。这里需要重新考虑你的个人预算并且做出修改和变更——你的储蓄计划将作为不固定支出项目加入你的个人预算。

第三步 还清债务

如果你还欠着别人的钱，一定要首先偿还掉债务，将打算储蓄的部分先拿去还债。这样不仅可以减轻债务压力，也可从此免于承受与日递增的债务利息。

第四步　开设一个储蓄账户

选一家有信誉的银行开设你的第一个有息存款账户。所谓"有息"，意味着你把钱存在该银行时，银行将支付你一定利息。也许并不多，但至少随着时间的推移，你的余额将会增长。

第五步　按预算过日子

鉴于你已经在每月预算里加入了存钱计划，接下来你需要做的就是按照计划坚持下去，不要向"剁手"的冲动屈服。

第六步　远离债务

为什么要买那些你负担不起的东西？如果这个东西并不是你预算的一部分，坚决不要买。刷卡签单什么的，永远是储蓄的大敌。

第七步　谨记并重复第五步至第七步

聪明男人知道的那些事

"理财的艺术不在于赚，而在于存。"

——谚语

如何管理信用卡账户

你需要的是：
- 收入
- 信用卡
- 个人预算
- 意志力

花费时间：
- 每个月15分钟

光美国人就负担着超过8500亿美元的信用卡债务。更要命的是，一旦算起利息，所需还款的金额可能还远远不止于此。当然，学会妥善地管理信用卡账户，将使你免于还款金额高于所欠金额的情况。但你仍需记得，欠信用卡公司的钱和被债务奴役没什么两样。避免受到信用卡负债束缚的关键在于，不要花将来的钱。无论多想买某样东西，首先想想债务缠身的痛苦吧。或许你该这样想：借由这些债务带来的快乐总是如同烟花般短暂易逝，漫漫还债路却异常艰辛痛苦，这种痛苦也许会纠缠你一辈子。

第一步　限制你的选择

你并不需要一张以上的信用卡。

第二步　了解所持信用卡的各项条款和条件

包括最大信用额度、利率、还款日，以及任何交易费用条款等。

第三步　只在必要时使用信用卡消费

信用卡只是最后选择。也就是说，只在现金或借记卡不能使用的紧急状况下选择信用卡消费。尽可能避免使用信用卡支付日常花销。

第四步　查看信用卡账单

养成每月查看信用卡账单的习惯。将信用卡账单上的购买项和你的月度预算记录表比对，留心是否存在任何未经授权的费用或收费项——如有，则可能属于信用卡欺诈。

第五步　管理信用卡支付

免息期是上月账单日到本月的还款日之间的日子，在免息期内付清信用卡欠款可以避免利息和服务费用。信用卡还款日是指信用卡发卡银行要求持卡人归还应付款项的最后日期，即免息还款期限的最后一天。

在免息期内还清账款，可以避免加收利息、滞纳金以及逾期还款对个人信用评价产生的负面影响。

事实还是谣传？

世界上的首张信用卡是皮革制的？

瞎说。

事实上，第一张信用卡很可能是纸质的。从那以后，信用卡或信用代价券才渐渐开始由金属硬币、金属板、纤维、纸张和塑料等材质制作，并没有皮革。

如何为未来投资

你需要的是：	花费时间：
·收入	·每月30分钟，
·长期投资账户	为期40年以上
·耐心	

年轻人常常觉得为未来投资没多重要。他们中的大多数觉得自己有大半辈子时间可以存钱，为什么现在就要开始投资？事实上，越早将你辛苦挣来的钱投资给未来，将来手头的余钱就越多。

第一步　一开始就确定到什么年纪退休

想想你打算到多大岁数停止工作。大多数人的预期是65岁。

第二步　获得收入

为未来投资的前提是——你目前在挣钱。所以首先你要有一份工作，然后留出一定的收入来投资。

第三步　选取一个投资项目

请可靠的长辈给你推荐一个理财顾问，他能够指导你，让你能够进行长期投资计划。

第四步　尽早开始

收益最大化的关键是尽快开始投资。

假设每年的理财收益率为 10%，则不同年龄段开始投资的复利收益如下：

20 岁开始投资 10 000 美元，则 65 岁时本利和将达 728 905 美元；

25 岁开始投资 10 000 美元，则 65 岁时的本利和将达 452 593 美元；

30 岁开始投资 10 000 美元，则 65 岁时的本利和将达 281 024 美元；

40 岁开始投资 10 000 美元，则 65 岁时的本利和将达 108 347 美元。

聪明男人知道的那些事

"经济稳定不仅意味着物质上的满足，而且还知道合理分配收入。生活花销不能超过你的收入水平，多余的钱还得储蓄和投资。如果连这点你都做不到，就别提什么赚钱理财了。"

——戴夫·拉姆齐

如何无债一身轻

你需要的是：
· 收入
· 自我控制能力
· 耐心

花费时间：
· 从现在开始

无债一身轻有多好？亚当·斯密曾有过一句名言："对于一个健康、无贷款、有良知的人，什么还能使他更高兴呢？"作为十八世纪的大政治经济学家和苏格兰道德哲学家，没有人比他更清楚了吧？无债一身轻于个人，几乎可以等同于将人类从奴役制度的枷锁中解放出来。斯密先生所在的那个时代里，奴隶主拥有奴隶，奴隶为奴隶主无偿劳动，没有人身自由，还常常被奴隶主随意买卖或杀害。他反对一切奴役行为——无论是身体上还是经济上。债务是奴隶制，自由才是生活。所以，接受来自亚当·斯密的诚恳建议吧，我的朋友。远离债务，自由万岁。

第一步　赚钱

经济独立的第一步，是你能够赚钱。

第二步　珍惜你的金钱

钱是一种工具，而不是玩具。你如此努力工作去赚钱，也需要寻找方法让你的钱更好地为你服务。

第三步　了解你的需求

如实对待你的需求，想清楚什么是你真正需要的，而哪些只是你想要买的。当你带了足够的钱去购买你需要的东西时，不要让欲望摆布你，不要把钱浪费在你单纯想要的东西上。

第四步　做好个人预算

事先计划好你的钱该花在哪里，远远好过等花完以后再疑惑钱都到哪里去了。

第五步　习惯现金支付

似乎只有用现金付款的时候，你才感觉肉痛？那么，养成用现金支付的习惯，这样你才会慎重花钱。也许，百元大钞上闪闪发亮的本杰明头像更能激励你去讨价还价。

第六步　存钱

预算的目标是，让收入大于支出。将剩下的钱存到储蓄银行和长期投资账户。

第七步　不要花将来的钱

不要以卡养卡来补信用卡的窟窿。

聪明男人知道的那些事

"缺乏判断力的人注定要为他的债务负责。"

——所罗门王

第5章

仪容整洁与个人卫生

毫无疑问，如何保持身体内在健康是一个成熟男士需要习得的必备技能之一。因为，这是一个展示你对生活由内而外的掌控力的绝好机会。

——乔纳森·卡特曼，全球领先教育顾问

人体就像一台机器，从头到脚，五千多个"零件"。由于不清楚这些零部件如何协同工作，对于怎样由内而外地打理自己，很多人毫无头绪。显然，大多数人并没有认真考虑过，如何正确而健康地使用自己的身体。只有少部分人会经常思考这个问题，这些人的生活和内心也往往更加"表里如一"。大部分男性只有在照镜子时才会注意到健康问题。你是否也只在乎镜子中的自己——甚至认为，只要看起来足够健康俊朗，就完全没必要考虑身体是怎么工作的。但事实上，每个人的身体都是由骨骼、肌肉、器官、神经、激素以及数以百计的复杂零件构成的，而这些部件只有穿着白大褂的医生才能分辨出。全球顶尖医生托马斯·R.弗里登博士是美国疾病控制和预防中心主任，他关注所有内在机体的运作模式，以及它们对整体健康的影响。对于男性必须及早考虑哪些健康问题，他深有研究。他认为，首先需要考虑的是心脏健康。什么？你认为只有老年人才会得心脏病？大错特错！弗里登博士说道。有三大致命因素是影响一个人的心脏健康，这三大因素为：吸烟、高血压以及缺乏锻炼。健康男性必须尽早对这三项严格控制，而不是等着受制于此。

不要抽烟。 疾病控制和预防中心强调，年轻人常常低估吸烟的危害与风险，同时又高估自己戒除坏习惯的能力。百分之四十的年轻吸烟者曾经戒烟失败，因为他们对尼古丁上瘾。不幸的是，香烟中至少含有 60 种可能致癌物。全球每年的癌症死亡病例中，有三分之一是由吸烟引发的。吸烟每年至少导致 430 000 人死亡。"如果你吸烟，赶快戒掉，这是活命的最佳途径。"弗里登博士在 2013 年度的 Google+ 论坛上对《男士健康》杂志主编这么说道。

把血压降下来。 健康成人的血压参考值一般为 120/80mmHg，120 为收缩压，80 为舒张压。收缩压是当人的心脏收缩时，动脉内的压力上升，心脏收缩的中期，动脉内压力最高时血液对血管内壁的压力，亦称高压。舒张压是当人的心脏舒张时，动脉血管弹性回缩时产生的压力，又叫低压。（根据世界卫生组织规定，成人收缩压 ≥ 140mmHg 和舒张压 ≥ 90mmHg 即可确诊为高血压）

现代社会，高血压已不再仅仅是体重超标的老年人的"专利"了，高血压在年轻群体中的发病率也在逐年增加。心脏疾病的最大诱因是现代人懒散的生活方式、不健康的饮食习惯，以及对肥胖的无动于衷。关注心脏健康是每个人在年轻时就需要做出的重要决定。当然，这里也有一些方法可以首先帮助你成功降压：

保持健康的饮食——这意味着少吃盐多吃水果蔬菜。

确保睡眠充足——每晚睡眠少于7~8小时，会影响身体对应激激素的调节控制能力，从而导致高血压。

坚持锻炼——需要锻炼的，不仅是你的运动肌肉，还包括你全天不停跳动的心脏。

每天锻炼身体。弗里登博士切身实践着他教授的一切。他是一个专注的壁球运动员，他在球场上挥洒汗水，他拥有健康的心脏、健康的体魄。他给出的建议是："体育锻炼是我们身体必备的灵丹妙药。即使没能减重，锻炼也有助于控制血压、远离糖尿病、降低罹患癌症的可能性、改善情绪，以及降低胆固醇。锻炼身体有着巨大的积极作用。所以你面临的真正挑战是怎样开始运动并保持这个好习惯。"

毫无疑问，如何保持身体内在健康常常会令你困惑不已。然而，保持健康终究是一个成熟男士需要习得的必备技能之一。因为，这是一个展示你对生活由内而外的掌控力的绝好机会。

如何刮胡子

你需要的是：
- 剃须膏或凝胶
- 新剃须刀
- 干净的湿毛巾
- 水槽
- 胡楂儿

花费时间：
- 5分钟

刮胡子还是不刮胡子？这是一个问题。

如果脸上的胡须分布不均匀，像桃子的茸毛一样，或者像秃斑、杂草，甚至腮须长得像猫须，那么是时候剃须了。如果还饱受毛囊的困扰，也别担心。一个成熟的男士需要掌握激光切割般娴熟的剃须技巧，如果你还不会，赶紧学习吧。记住，胡子拉碴不修边幅并不会让你更男人。男人和男孩的区别，不在于谁的胡须有多长，而在于谁能把自己的胡子剃得干净的同时，还不刮伤自己。

第一步　往水槽里加水

往干净的水槽里放半槽温水。

第二步　湿润脸部

用温热的毛巾敷面一分钟左右，软化你的胡须。

第三步　涂抹剃须膏

将高尔夫球大小的剃须膏喷到手掌心。然后将其均匀涂抹到需要剃须的部位，薄薄的一层即可。

第四步　刮胡子

用力轻柔而平稳，剃须时应绷紧脸部，减少剃刀的阻力。顺着胡须生长的方向刮剃。从鬓角开始，由上至下刮至下颌。用力要持久、均匀。

第五步　冲洗剃须刀

刮剃时，要时不时用温水冲洗剃须刀。这样刀片之间的空间就不会被胡须和毛发塞住。

第六步　刮剃下巴周围

把剃刀从下巴向下推到脖子，或从脖子向上推到下巴。这取决于哪个方向更舒适、刮得更干净。抬起你的下巴，向后仰头，绷紧下巴继续刮胡子。

第七步　刮剃上唇胡须

卷曲上唇，包住上颚牙齿，上唇皮肤收紧。从鼻子下方下刮至上嘴唇。

第八步　刮剃下唇胡须

卷曲下唇，包住下颚牙齿，下唇皮肤收紧。从你的下嘴唇下方下刮至下巴。

第九步　后续检查

洗去多出的剃须膏，检查脸上是否仍有未剃的胡须。仔细检查下颌的轮廓边缘、耳朵前面和靠近嘴唇和鼻孔的区域。小心刮掉之前漏掉的胡须。

第十步　洗去脸上剩余的剃须膏

用湿毛巾擦拭干净你的脸。再看看你的脸，是否还有轻微流血，以及割伤。如果有被割伤，也别太大惊小怪。你并不会因此流血过多，甚至不会留下永久的伤疤。撕一小块面巾纸覆在伤口上就可以了。这将有助于止血。另外，记得在离家之前拿掉纸巾。

额外步骤

在脸上涂抹冷水或须后水，以避免剃刀灼伤。如果你的脸在剃须之后感到灼热，或用过剃刀后皮肤出现红肿，则需参见"如何舒缓剃刀灼伤"。

事实还是谣传?

剃须后，胡子会长得更快、更厚？

谣传。

事实是，剃须不影响毛发生长速度或浓密程度。胡子看起来更浓密只是因为剃刀剃掉毛发的尖端时，剩下的根部或者发茬显得比之前更粗糙更明显而已。

如何舒缓剃刀灼伤

你需要的是：
- 干净的擦拭布
- 冷水
- 芦荟凝胶或天然滋润霜

花费时间：
- 3分钟

啊——好烫，好痒。天啊，脸上竟然有红疙瘩！多次剃刮同一个地方有可能会刮伤皮肤，还会在脸上形成令人尴尬的红点。但不管成因如何，说到底，刮伤了一点也不酷。令人感到安慰的是，红色皮疹可以被有效规避。当然，在下一次刮胡子之前，首先要丢弃廉价的剃须膏，来点好点的剃须凝胶；而后更换一把锋利的多刀头剃须刀，并且，抵制住用这些硬刀片使劲刮剃你柔软肌肤的冲动。

如果你已经被剃须刀刮伤红肿，则可以尝试以下这些简单的步骤，为面部刀片灼伤及时灭火。

第一步　不要抓挠你的脸部肌肤

这可能使皮肤更受刺激，甚至引起感染。

第二步　湿润你的面颊

将干净的擦拭布用冷水浸湿，然后敷在发炎处。这会使血液不再流向皮肤表层细小的毛细血管，从而缓解红肿。

第三步　不要顺手用布洗脸

否则可能会使皮肤再次受刺激甚至引起感染。

第四步　不要涂抹须后水或古龙水

这些产品可能含有酒精从而更加刺激你的皮肤。酒精如同火上浇油，只会让你的面部感觉更加灼热！

第五步　舒缓皮肤

使用不含香料的芦荟凝胶或者天然滋润霜。适量的纯天然草本治疗，可能更适合你敏感的脸部肌肤。

小常识

胡须每月大约可以生长1.2厘米，即每年约15厘米。在每个男人的一生中，剃须平均要花费超过3000小时。

如何使用除臭剂或止汗剂

> 你需要的是：
> ·男士止汗剂或除臭剂
> ·洁净而干燥的腋窝
>
> 花费时间：
> ·15秒

涂抹止汗剂或除臭剂的确有点麻烦，但坐在一个汗津津的家伙身边闻体臭，更让人难以忍受。须知，把女性赶走的利器大概就是刺鼻的体味了，接下来就是你手臂上举时淌出来的汗滴，这些东西仿佛在告诉别人"我汗臭"。生活在这种尴尬里无疑让你举步维艰。但别担心，这里有一个简单的解决方案。你只需要学会喷止汗剂或除臭剂——或两者的结合。

第一步 揭开瓶盖

撕掉止汗剂或除臭剂瓶盖上的塑封条。

第二步 举起一只胳膊

抬起你的手臂，举过头顶，让干燥的腋窝呈现在你面前。

第三步 使用除臭剂

蘸取除臭剂，用力均匀地上下擦拭腋窝。在另一条胳膊下重复以上动作。轻拍两三次就吸收了，涂太多的话别人老远就能闻到除臭剂的气味了。

第四步 干燥

一分钟自然风干后，再穿衬衣。否则衬衣会沾上除臭剂。

止汗剂和除臭剂之争

止汗剂：

北卡罗莱纳大学皮肤病学系的汗液专家们表示，防止腋下湿润的利器是铝。"铝化合物能够暂时堵住汗腺出口，阻止汗液分泌到皮肤表面，达到物理止汗的效果。"

如果不想往腋下擦苏打粉，可以考虑买一瓶止汗剂。止汗剂会使铝离子进入腋下皮肤深层的汗腺细胞，从而阻止汗水流出。然而当你的腺体要将水推出时，铝离子也会发生反应，导致细胞膨胀，挤压排汗管道使其堵塞。

除臭剂：

美国食品药品监督管理局(FDA)将除臭剂认定为化妆品，其实它不过是腋窝空气清新剂，主要用来掩盖人排放出的难闻气味。是的，每个人都有独一无二的"体香"，这就是体味。"你的体味是许多因素共同作用的结果，包括你上次淋浴时是否用了香皂、平时都吃些什么、每天喝多少水甚至你从父母那里遗传的DNA。"遗传来的气味你无法改变，但淋浴频率和食物是可以控制和选择的。为了更好闻的体香，你需要每天保持身体的清洁和食物的新鲜。

和体味的斗争可能是一个漫长的过程，但你终将击败它。只需要保持清洁、合理饮食，并合理使用适合你的除臭剂或止汗剂产品。有时需要多次尝试才能找到合适的产品，但不要放弃。你周遭的人们都会感激你为此付出的努力。

如何使用美发产品

> 生活总是充满了挫折和挑战，你需要面对无止境的斗争，但至少你有机会找到一个你喜欢的发型师。
>
> ——佚名

你需要的是：
- 美发产品（带有轻微光泽的发油或亚光发蜡）
- 洗干净的头发

花费时间：
- 1分钟

第一步　用毛巾擦干头发

这样造型剂可以更均匀地涂抹在头发上。头发太湿，造型剂无法附着在头发上；头发若是过于干燥，则造型剂容易脱落。

第二步　选取你要使用的产品

如果想让头发显得润泽，可以选一款稍微有光泽的发油；想让头发显得蓬松随意、清爽干练，则要选择低光泽度的亚光发蜡。挤出一元硬币大小的美发产品在手掌心。

第三步　使用造型剂

在掌心挤点造型剂然后轻揉，轻轻地、均匀地覆盖在双手手掌上，两只手上的造型剂要差不多一样多。

第四步　涂抹头发

用手指揉搓头发。从头顶开始揉，慢慢向四周扩散，从发梢再到头皮边缘的发丝。

第五步　为头发做造型

用手指或发刷，做出你喜欢的造型。

聪明男人知道的那些事

"如果你在意自己的头发，以下两个方面至关重要。第一，知道谁适合为自己理发、设计发型。找到一个你喜欢的理发师或设计师，并坚持只让他打理你的头发。第二，千万别在自己的头发上省钱，无论你选择去一家广受欢迎的大型发廊，还是随意走进一家理发店，你都要认真选择理发产品。要知道，从洗发香波、造型产品到理发质量，你得到的服务永远和你花的金钱挂钩。每个月多花几美元在打理头发上是值得的。如果发型完美，即使你今天过得不如意，你也会很开心。如果剪了糟糕的发型，那接下来整整三周你都会感到不如意。"

——哈德逊，名流设计师、哈德逊·E.哈德逊美发沙龙创始人

如何喷古龙水

你需要的是：
- 一瓶精心挑选的古龙水
- 洁净、干燥的脖颈

花费时间：
- 30秒

如果古龙水喷多了，会未见其人先闻到古龙水。这并不是什么好事。

想必，你也希望别人走近了才发觉你喷了古龙水，从而感到"哇哦，这家伙身上的味道好闻极了"；而不是想要让人远远地，就已经汗毛倒竖："啧，这货是用古龙水洗澡了吗？"喷古龙水，并不是越张扬明显就越好的。

第一步　只呈现一种味道

确保你身上没有任何香味残留。须后水、沐浴露或除臭剂的气味只会与你的古龙水味道相冲撞。记住，并不是同品牌的产品就可以混用。

第二步　揭开瓶盖

小心地打开古龙水喷雾头或倾倒瓶体。

第三步　喷洒古龙水

对准你的脖颈，喷洒少量古龙水。一两下即可。三下则足够浓郁，绝不能再多了！

注意：只在皮肤上喷洒古龙水。皮肤的温度会使古龙水随着时间的消逝慢慢释放。而这并不适合在衣服上喷洒。古龙水喷洒在织物服饰上会形成污渍，气味也会跟随你所用洗衣产品的不同发生异变。

第四步　调整

需要避免过度使用古龙水。

建议：不要每天喷洒古龙水。每隔几个月尝试不同品种，换换新的气味。

古龙水常识

许多冒牌的古龙水，其使用成分是没有被FDA（食品药品监督管理局）认证的。这些冒名顶替的产品会引发令人讨厌的皮疹，甚至可怕的过敏反应。确实，你女朋友可能嗅不出这个是山寨古龙水，但是，你的皮肤会戳穿你。如果打算喷古龙水，请务必购买正品。

如何清新口气

> **你需要的是：**
> · 牙刷和牙膏
> · 牙线
> · 饮用水
> · 无糖肉桂口香糖
>
> **花费时间：**
> · 5分钟

口臭。 用英语大声读出来——Hal-i-to-sis。在英语发音中，这个词的重音在"to-"上，就像在强调像"toe"（脚趾）一样臭。好吧，不管这个词的正确发音是怎样的，口臭并不是潜伏在更衣室地板上的足部真菌。口臭，实际上就是口气不清新的花哨学名罢了。该如何使你的嘴巴闻起来不像你的脚呢？很简单，你只需按照简单的步骤，清洁口腔，清新口气。

第一步　刷牙

养成刷牙的好习惯，至少一天两次，洁净你珍珠般亮白的牙齿。上下都刷刷，两分钟即可搞定。

第二步　清洁你的舌头

对着镜子，伸出舌头，看看它是什么颜色的。如果舌苔不是干净的肉粉色，则需要用牙刷刷其表面。小心，不要太过用力，否则你会恶心。要知道，呕吐的味道也不好闻。

第三步　使用牙线

也许你会感到惊讶，不错，许多食物的残留物就会藏在牙缝间。用牙线洁牙后，闻一闻牙线的味道。不是说笑。如果牙线闻起来刺鼻了，那是因为牙缝中食物残留物和细菌的沉淀。这些物质会引发牙龈疾病，从而导致口腔出现异味。市面上流行的任何一种口香糖都无法盖住嘴巴散发出的臭味。那么，有什么解决方案吗？

用牙线。坚持每天使用牙线。大约一周后，你的嘴巴乃至于牙线的气味都会变淡。如果没有任何改善，就需要请牙医帮忙了——记得和他保持一个安全的距离。

第四步　多喝水

多喝水在一定程度上可以防龋，有助于刺激唾液分泌，抑制口腔内致病细菌的生长。

"但是我不喜欢水的味道啊。"总有些人会这么说。喂喂，拿出点男人的样子！多喝水有助于唾液分泌，让嘴巴保持水润。唾液是细菌的大敌，其中含有杀菌效果的溶菌酶。口腔中的细菌少了，牙齿之间沉积的"污垢"也就少了。牙缝之间沉积的这些废物，如同肠道内消化不良没有被及时排除的阻塞物一样，很臭。所以，赶快用水将它们冲走吧。

第五步　咀嚼无糖口香糖

咀嚼口香糖有助于刺激唾液的分泌。但口香糖中糖分多，糖分会滋养细菌，所以只有嚼无糖口香糖才能有效去除口腔细菌。

最好选择肉桂无糖口香糖，因为肉桂有助于减少口腔细菌繁殖。并且，它很好闻。

第六步　养成健康的饮食习惯

有两种食物会让你口腔散发出难闻的味道。一种是有臭味的食物，例如大蒜、洋葱、奶酪；另一种则是咖啡等辛辣刺鼻的重口味食物。同时，要减少垃圾食品的摄入,其中的糖分和脂肪是细菌滋生的温床。

> **聪明男人知道的那些事**
>
> "要想保护牙齿,就得刷牙。"
>
> ——克里斯多夫·梅乐提欧,美国牙医外科博士

如何正确洗手

你需要的是：
- 自来水（温水或冷水）
- 香皂或洗手液
- 干净毛巾

花费时间：
- 1分钟

男人们每天都会有意无意碰一些脏东西，自己却毫无察觉。出于好奇，俄亥俄州代顿市的赖特－帕特森医学中心对此展开了研究，发现了以下事实：双手的头号细菌来源于一美元纸币；其次来源于我们日常接触的电灯开关、键盘、手机和马桶。都是一些日常用品，对吧？那么，我们就尽量避免接触这些东西？开玩笑，这几乎是不可能的。当然，还有一个非常行之有效的简便方法可以帮助你保持清洁。那就是——洗手，定期清洁双手。

第一步 湿润双手

在干净的自来水下，打湿双手直至手腕。

第二步 涂抹香皂

涂上香皂或洗手液。

第三步 搓洗出泡沫

双手用力搓，直到搓出泡沫。

第四步　摩擦双手

用力摩擦双手至少 20 秒。尽量搓洗手上每个部位，包括手背、手腕、手指缝和指甲下的间隙。

第五步　漂洗干净

在自来水下将泡沫冲洗干净。

第六步　擦干或晾干双手

用干净的毛巾擦干或自然晾干双手。

第七步　记得关水龙头

如果可以，尽量在净手后再用干毛巾把水龙头关掉。

温馨提示

知道什么时候需要洗手，是保持身体健康的关键。

事前——在准备食物、吃饭、刷牙、照顾生病的友人、清理伤口、洗脸、装卸洗碗机、抱起婴儿之前洗手；

事后——在准备食物、照顾生病的友人、清理伤口、使用卫生间、换尿布、擤鼻涕、咳嗽、打喷嚏、投喂宠物、抚摸宠物、清理宠物粪便、倾倒垃圾之后洗手。

如何洗脸

你需要的是：
· 温水
· 干净的擦拭布
· 洁面皂

花费时间：
· 5分钟

事实上，对于人类来说，痤疮是最常见的皮肤问题。青少年尤其不堪其扰，85%以上的男生在青春期曾被所谓的"青春痘"问题困扰。这些问题可以称为粉刺、青春痘、痘痘、小红块等等。事实上，全球的青少年都为此苦恼，不知道如何消除脸上的白头、粉刺、黑头以及下巴上火长出的疙瘩。如何避免呢？事实上，方法非常多。首先要正确清洁面部，简单吧？

第一步　使洗脸成为日常惯例

每天早上、运动或体力劳动之后、每晚临睡前清洁你的脸部和脖子。

第二步　将干净布在温水中浸湿

第三步　用布热敷面部和脖颈

大约一分钟后，毛孔张开，表面污垢软化易于清洗。

第四步　将洁面皂沾水，温和按摩面颈部

注意使用温和、无刺激、不含酒精的洁肤产品。用干净柔软的布，轻柔地画圈按摩脸部和颈部。不要用力过猛，以防损伤表层皮肤，也不要拼命擦

洗以免刺激皮肤或使皮肤变得干燥缺水。干性皮肤更容易出油和引发皮疹。

第五步　清洗你的脸

用温水将脸部和颈部的泡沫冲洗干净。

第六步　别乱碰！

说真的，不要乱碰脸。双手布满了看不见的细菌，别让那些细菌有机会侵扰你的脸。"我才没碰到脸！"你也许会这么说。是真的吗？休息放松的时候，你是不是会将手肘放在桌子上托着下巴？会不会顺手抓挠、推挤、针刺或挤压你的粉刺？是否经常洗手，比如说——每个小时？是的，这就是我的想法。现在，请就此停止，别再触摸你的脸。

第七步　何谓更好的饮食

机体是否健康可以通过外在表现出来，最为常见的就是皮肤出现问题。激素会对体内摄入的膳食做出反应，而粉刺、痤疮的生成就和激素息息相关——合理饮食可以使激素分泌保持在一个正常水平，从而减缓粉刺、痤疮的蔓延；反之，如果只知道吃富含饱和脂肪酸、糖分和盐分的油腻食物，体内激素则会激增或是锐减，激素就会失衡，从而加剧粉刺、痤疮的恶化。

皮肤是人体最大的器官，激素一有点风吹草动，皮肤就能感觉到。长期食用垃圾食品，肤质就会变糟。最好不要吃油炸食品、加工食品、快餐，以及那些成分读起来很诡异的能量饮料；最好还是少喝人工制造的饮料，多喝天然饮料，也就是水。

事实还是谣传？

把皮肤晒黑就可以击退青春痘？

谣传。

事实上，来自太阳和美黑仪器上的紫外线都会损伤肌肤，使得粉刺、痤疮更加恶化。

如何修剪你的指甲

> **你需要的是：**
> · 锋利、干净的指甲剪
> · 指甲锉
> · 废纸篓
>
> **花费时间：**
> · 5分钟

别再咬指甲了！

指甲的小缝里藏着的细菌，比身体其余裸露部位多出两倍不止。所以千万别咬指甲，使用专用工具。这能让你更好地融入社会，还会令你获得情感上的自信和身体的健康。

第一步　浸泡你的指甲

修剪之前，用温水浸泡指甲。温水浸润过的指甲会相对软些，修剪起来更容易。

第二步　检查你的指甲

留意是否有倒刺和任何表皮损伤，这些都可能导致感染或指甲受损。

第三步　修剪指甲

用一把锋利、干净的指甲剪，沿着指甲边缘剪去过长的指甲。不要把指甲剪得过短或剪到皮肤，留一小条漂亮匀称的白边即可。

第四步　用指甲锉打磨指甲边缘

指甲晾干后,用指甲锉将其边缘打磨平整。不平整或锯齿状的指甲不仅看起来邋遢,容易挂住衣物,还可能导致指甲撕裂或断裂。

第五步　最终检查

最后检查下你的指甲,看看指甲盖是不是一样长,指甲边缘是否圆润。如果指甲各个圆润饱满,就可以收工了。按照这种方法修剪脚指甲。呃……说真的,你最近有想起来打理吗?

> **你知道吗?**
>
> 手指甲比脚指甲长得快。另外,同一个人食指指甲生长速度往往快于小指指甲。

如何护理脚部

你需要的是：
- 肥皂、擦拭布、毛巾
- 锋利、干净的指甲剪
- 指甲锉
- 废纸篓
- 皮肤保湿霜

花费时间：
- 10分钟

因为不注意细节，有些人总是败在"临门一脚"上。比如，他们从不花心思打理自己的双脚。作为我们最实用的步行工具，你是不是经常面临这样的尴尬：只要脱鞋，别人就想冲到门外。每天花点心思在脚上，远离脚臭，下一次即便穿拖鞋也能昂首挺胸毫无压力。

第一步 浸泡你的双脚

往浴盆或洗脚桶里倒入足够的温水，双脚浸泡进去。

第二步 洗脚

使用肥皂和擦拭布，擦洗你的双脚。从脚踝到每个脚趾，清洗干净，然后用毛巾把两只脚擦干。

第三步 检查你的脚指甲

看看每个脚指甲是否有倒刺和任何表皮损伤，以防感染。

第四步　修剪你的脚指甲

用一把锋利、干净的指甲剪,沿着指甲边缘剪去过长的指甲。不要把指甲剪得过短或剪到皮肤,留一小条漂亮匀称的白边即可。为了避免脚指甲向内生长,尽量选择平直地剪掉,而不是像手指甲一样剪成圆弧状。

第五步　用指甲锉打磨指甲边缘

脚指甲晾干后,用指甲锉打磨其边缘。不平整或锯齿状的指甲不仅看起来邋遢,还很容易撕裂或断裂。

第六步　保湿滋润

将手/足部保湿霜涂到皮肤上,从脚踝到脚趾。在保湿霜完全被皮肤吸收之后穿上袜子。

你知道吗?

人的每双脚上约有25万个汗腺,它们每天排出大约284毫升的水分。

第6章

服饰与格调

衣品就是你个人品味的完美表达。只有学会根据不同场合，选择符合气质的穿衣风格，才能向人们展现你由内而外的高雅格调。

——风格大师内特·雷茨拉夫，
耐克公司NFL/ NCAA服装设计师

仔细审视一下镜中的自己，观察自身的穿衣风格。看看你的衣服有没有让你更显个人魅力呢？信不信由你，你穿什么以及你是怎么穿的都会影响人们对你的观感。至少风格大师内特·雷茨拉夫（Nate Retzlaff，耐克公司NFL/NCAA服装设计师）是这样认为的。"衣品就是你个人品味的完美表达。只有学会根据不同场合，选择符合气质的穿衣风格，才能向人们展现你由内而外的高雅格调。"听着很耳熟对不对？这些不就是父母经常在你耳边嘀咕的话吗？听起来好像内特悄悄跟你父母串通一气。然而事实上，与他合作的都是全球极具影响力的品牌。作为耐克新兴市场部门的服装设计总监，内特·雷茨拉夫的主要工作之一，就是发掘下个季度的全球潮流必备款。

内特不仅引领潮流，他同样也知道每位男士早上穿衣服的时候脑袋里都在想什么。与以往相比，如今男人们更喜欢通过穿衣彰显个性。不过，他们更需要根据场合来着装。"比以往更甚，当今社会男人们通过衣品定义自己。不过，他们依然需要根据场合择衣。印象中，我的母亲总是唠唠叨叨，穿双好皮鞋去教堂、穿正装参加婚礼，诸如此类。有时我觉得挺烦的。如今，我才深刻体会到，得体的穿着是内在美的延伸，同时也是对周围场合和他人的一种尊重。"内特认为，时尚的本质是——（用外在）表达内在。所以，大胆些，不用害怕犯错误，只要从错误中吸取教训就行。在选择你的穿衣风格时，首先要做你自己。太多人的穿着像一个模子里刻出来的，毫无个性。你的穿着，为你自己代言才对。通过着装搭配展现你的人格魅力，这会让你对自己的外表更自信。其次，避免不恰当的着装。在某种程度上，你的穿着不仅要完美地表达自我，同时也不能与众不同，即使对方与你不一样。做到以上这一点，你绝对能够实现"互利双赢"。"根据场合选择服饰，或盛装打扮，或朴素着装——这也是（关于穿衣格调）你必须了解的。关键在于，穿着得体并且不阻碍你的自我表达。"

仔细想想内特的话，然后问问自己：这个连世界顶级服装品牌都信任的家伙，我也该听他的话吧？接下来，去看看你的衣柜吧。如果在你已然拥有的任何物件上，发现了来自耐克全球著名商标品牌"Swoosh"的标志，那么很有可能你已经这样做了。

如何洗衣服

你需要的是：
- 脏衣服
- 洗衣机
- 洗衣剂（洗衣粉或洗衣液）

花费时间：
- 1小时左右

衣服看起来干净就行，别开玩笑了！那些看不见的灰尘、污渍、污垢以及汗液，才是让衣服变脏的罪魁祸首。如果要划分"脏物质"来源等级，汗液可以位列TOP10。

事实上，身体里的汗液来源于两大分泌腺体。一是外分泌腺体，它分泌出的是"正常汗水"，其中大部分是"水"；二是顶浆分泌腺体，这些部位主要分泌"压力汗水"——由氨气、碳水化合物、蛋白质和脂肪酸混合成的黏稠液体。在皮肤下和衣服里蠢蠢欲动的细菌们会以这两种汗水为食，并且两相比较，它们更青睐顶浆分泌的汗液自助餐。它们享用这免费的食物，并以放出气味作为回报——这就是衣服堆上恶臭的来源。你该遵守以下三个简单的规则，才能真正保持衣物清洁：（1）穿着；（2）洗护；（3）收拾（收捡到特定位置）。

第一步　整理并分类放置

检查洗涤标签。按颜色相似程度（深色系和浅色系）对衣物进行分类，分开洗涤。也可以考虑把袜子、内衣、毛巾放在一起进行热水洗涤。

第二步　装进洗衣机中

已分类的衣物放进洗衣机——深色系的一堆、浅色系的一堆，或是专门加热（热水洗涤）洗涤的一堆。

第三步　选择洗涤选项

根据衣物材质，选择相应洗涤选项。常见的选项包含：白色衣物、通用、强力、易护理等。需要注意的是："白色衣物"选项通常默认热水洗涤。一些材质在热水中会发生收缩，如果是这样，需要重置把温度调到"温水"或"冷水"挡。

第四步　放洗衣剂（洗衣粉或洗衣液）

阅读洗衣剂包装上的标签，将适量的洗衣剂放进洗衣机。液体洗涤剂和粉末状洗涤剂的添加方法各不相同，请仔细阅读包装上的相关说明。

需要注意的是：切勿在"高效率（HE）"洗衣机中使用传统洗衣粉，这可能会对机器造成损害。高效洗衣机专用的洗涤剂（HE detergent）产品包装上会有专门的标识。

第五步　开洗

一旦衣服、洗涤剂或者衣物柔顺剂添加完毕，就可以关盖上洗衣机的盖子开动电源洗涤了。

更多信息

有多种不同类型的衣物洗涤剂：

- 粉末状——可以现溶解在洗衣水里，比液体洗涤剂便宜。
- 液体——预先溶解型，可用于处理衣服上的污渍。
- 高效型（HE）溶液——无泡沫/低泡沫型，用于高效率洗衣机或滚筒洗衣机。

更多信息

面料检查——一些面料不能用热水洗涤，否则会缩水。羊毛和棉花纤维在受热时会变形。这将直接导致袖子变短，长裤变九分裤，衣服整体缩了一号等一些你不愿意面对的悲剧。

如何烘干衣物

人靠衣装。赤身裸体者对于社会几乎毫无影响力可言。

——马克·吐温

你需要的是：
- 洗衣机洗完不久的衣物
- 干衣机
- 烘衣纸

花费时间：
- 30分钟到1小时

第一步　清理滤网（积累在滤网上的线屑会阻碍空气流通，令干衣时间延长）

清除干衣机滤网中的残留棉絮，确保适宜的气流结构和提高干燥效率。滤网一般在靠近循环选项面板的位置，或者在干衣机内侧。

第二步　启动干衣机

将刚洗完的衣物从洗衣机中拿出，放进干衣机。别把湿衣服长时间留在洗衣机里，否则等到发霉的时候，就是能带来"夏日微风"的烘衣纸也无法扭转现状。

第三步　添加烘衣纸

烘衣纸可以使面料软化，防止衣物因烘干过程中产生的静电而贴在一起。

第四步　选择相对应的烘干选项

在选项面板上设置选项，使之与衣物面料相匹配。需要注意的是：干衣机的循环选项包含了温度设置。衣物在热风循环干衣模式下会发生收缩，所以如果需要考虑到缩水问题，还要将温度调整到较冷的模式。

第五步　开动机器

一旦衣物和烘衣纸添加完毕，关上干衣机的舱门并运行机器。

第六步　移除衣物

大多数干衣机在停止烘干前会留几分钟让衣物变得"蓬松"。如果不希望衣物起褶皱，可以在彻底结束前把它们取出，挂起或折叠放好。

> **了解更多**
>
> 据美国联邦应急管理局国家消防管理火灾数据中心估计，每年大约有2900起住宅火灾由干衣机引发。起火的主要原因多为灰尘、纤维和棉绒等阻塞干衣机出风口或排气管。据估计，这些火灾每年可导致5人死亡、100人受伤，财产损失达3500万美元。

如何熨衬衣

你需要的是：
· 干净的衬衣
· 熨斗
· 熨衣板
· 水

花费时间：
· 10～15分钟

衣服的褶皱存在于每个男人的衣橱里，无论你怎么弄都会出现，即使刚熨完的衬衫可能也需要再经过好一番熨烫，才能袖筒笔直、衣领清爽。花些许时间去解决那些褶皱吧，人们会注意到的。如若不然，你这一整天恐怕都很难从别人口中得到任何赞美了。

第一步　打开熨衣板

将熨衣板放置在插座旁边，打开并立起。

第二步　准备熨斗

熨斗内灌入冷开水，接通电源，并确保按钮关闭。然后选择合适的加热挡。根据衬衫的熨烫标识，设置适当的温度（切勿使得熨斗温度太高，否则会烧掉你的衬衫）。将熨斗直立，直到预热完毕。

第三步　熨烫衣领

衣领平摊在熨衣板上，然后将熨斗放上，从衣领的一边向内（颈部后面）熨。衣领背面也要熨烫一遍。翻转并检查领边是否熨烫得平整。

第四步　熨压抵肩和肩部

熨压抵肩和肩部。抵肩就是领子后面下端，后背上端靠近肩膀的部位。将熨衣板塞进衬衫的袖子里。如果你的熨衣板上没有一个小板可以塞进袖子里的话，那么将袖子放在熨衣板上，两端弄平整，然后进行熨烫。然后翻过来，熨烫另一面。转换位置，熨烫另一只袖子。熨烫抵肩的尾部和肩部。

第五步　熨烫袖口

如果是长袖衫的话，下一步就是按住袖口，方法跟衣领类似。两个袖口都要按压。

第六步　熨压袖子

将一只袖子平放在熨衣板上，按照袖子下面的缝合口折叠然后进行熨烫。按照同样的步骤熨烫另一只袖子。熨烫的时候动作要缓慢有力，让熨斗平整地滑过织物。

第七步　熨烫衫身

将衬衣铺在熨衣板上。将衬衣从头至尾、自纽扣孔的一侧到衬衣下摆，都熨烫平整；熨烫应从大面积的区域开始，最后熨烫边角。然后，翻转衬衣，抚平后襟。再次翻转衬衣，将其纽扣面抚平。当你熨完一件衣服，将它放置远处。如果离得太近，当你靠在熨衣板上时，很有可能再次把它弄皱。

第八步　扣好纽扣，挂至衣架

把熨完的衬衫置于衣架上，将纽扣扣好，然后悬挂整齐。

第九步　后续清理

把电源插头拔掉，并等待熨斗冷却。清空熨斗储水盒里的水。然后把熨斗和熨衣板收起。

小常识

在使用不熟悉或老旧的熨斗前，先在旧毛巾或旧衣物上试着熨烫下。有时，旧熨斗上的矿物沉淀杂质会随着蒸汽渗出，毁掉你的衣服。

如何熨休闲裤

你需要的是：
- 干净的休闲裤
- 熨斗
- 熨衣板
- 水

花费时间：
- 10~15分钟

想要充满自信地走在人群中，你还需要学会给自己熨休闲裤。当你不打算穿最爱的牛仔裤时，休闲裤的装扮会给你加分。当你希望在造型打扮上给人留下好印象，熨休闲裤会是你需要学习的必备技能之一。

第一步　阅读标签提示

裤腰处一般会有清洗标识。阅读这些标识，然后选择适当的温度和蒸汽设置。如果需要蒸汽熨烫，先为储水盒加水，然后再加热。

第二步　在熨衣板上放平裤子

抓住裤腰，轻摆以去除大的折痕。将裤子口袋正确无误地塞回去。拎起裤腰，折叠裤腿，令一条裤腿压在另一条上。注意裤子的接缝和折痕需要对齐。

第三步　一次熨一条裤腿

熨斗加热之后，从裤腰往下慢慢熨烫。反复熨烫，直到褶皱消失。一面裤腿熨烫平整后，再翻起熨烫另一面裤腿。方法同上。

第四步　检查折痕

检查并确保每条裤腿上的折痕在同一个位置。

第五步　翻过来重复以上步骤

翻转裤子，使刚熨的一面朝下。重复第三步以及第四步。

第六步　关掉熨斗电源

拔掉插头并等待熨斗冷却。清空熨斗储水盒里剩余的水。然后把熨斗和熨衣板收起。

第七步　完成

如果当下并不打算穿这条裤子，把它挂起或折叠整齐。

> **你知道吗?**
>
> 实际上，熨烫休闲裤也是一门科学。用高温熨烫布料会使得聚合纤维的分子链松散并轻微伸展，从而导致布料冷却时保持平整。

如何擦鞋

> **你需要的是：**
> - 毛巾或报纸，用于简易清理
> - 鞋油：有液体、蜡油、膏状等形式
> - 马鬃鞋刷
> - 软布
>
> **花费时间：**
> - 30~45分钟

即便是常年奔波于各大航空公司候机室的"旅途战士"，多数也都会在换机时稍作停留。这些精明的商界精英人士可不仅借机暂时休整，关键的是，他们还可以把皮鞋擦上一擦。

坊间传言，在夏洛特国际机场里，可以找到人们口口相传的"皇家擦鞋服务"——当你有幸坐到马利克·沙巴兹的擦鞋位上，你或许就会发现，原来在享受皮鞋焕然新生的同时，可以收获的远远不止于此。同样是花上几块钱，成为这位沙巴兹先生的客人，你得到的不会是传统业者公式化的简单寒暄、闲话家常。他会切实地为你提供一流的生活建议。比如说，在擦完右脚的鞋，转换到左脚之际，他会见缝插针说道："人们往往先看到您的外在，然后才听到您的言论，所以说，您的外表或许比第一句开场白更有力地表达着您自己。这就是为什么成功男士常常会对擦鞋有着极高的要求，即便踩在脚下的东西也要精心照料，擦拭得闪闪发亮、熠熠生辉才好。毕竟，当你站在别人身旁时，蹬着一双保养得当的皮鞋其实是你对自身的尊重，也是在告诉别人自己是多么在意在他们面前的形象。"

第一步　保护工作区域

在工作台面上铺设一条毛巾或是一张报纸，否则，鞋油蹭来蹭去一旦沾到裤管上，是很难去除干净的。

第二步　清洁鞋子

使用鞋刷和软布，清除鞋上的灰尘。注意，涂抹鞋油前，鞋子要完全干透。

第三步　涂抹鞋油

如果使用液体鞋油，只需要用鞋刷以打小圈的方式在鞋面上轻轻擦拭即可。如果使用的是固态鞋蜡，则需要用专门的擦鞋布。一般而言，市面上的鞋蜡大多会提供配套的擦鞋布。鞋油涂抹完后，会附着在鞋面上，这时候整个鞋面看起来不是那么透亮。

第四步　自然晾干

等待 15~20 分钟，让鞋油自然晾干。

第五步　开启擦鞋模式

用鞋刷擦拭整个鞋面。不要忽视边边角角和背面，尽可能快速、全方位地进行轻抚，确保你的鞋子得到最大程度的保养和照料。

第六步　用软皮或软布擦亮鞋子

用一块软布擦拭鞋子，确保力道均匀，整个鞋子都亮光闪闪。

第七步　后续清理

把工具收好，以备下次使用。

生活常识

擦鞋时不拆鞋带，不是好习惯。隔段时间，你就需要把鞋带拆掉，再去擦鞋。这样就有机会清洁鞋舌，把整只鞋擦得熠熠发光。如果你系的是时尚的彩色鞋带，每一次擦鞋都要拆掉。等鞋孔里都没有鞋油残渣之后，再把鞋带重新系上。

如何打领带

你需要的是：
· 领带

花费时间：
· 2分钟 (每根)

男人系领带这个传统已经延续了四百多年，历经各种社会环境和风格变迁。

如今的领带早已不再是彰显地位或是某种阶层的时尚宣言——时至今日，这样的楔形织物既存在于摇滚明星的衣柜行头中，也同样被收藏在政治家的正装壁橱里。无论是颀长瘦削还是短小宽大，从纯色、格子花呢、丝质到合成纤维——凡此种种，无一不可成为环绕男士脖颈一周的选择。至于"领结"的变迁，说起来，就不得不提到一个关于"领带"众所周知的真相——一个人想要系领带，就必须懂得如何打领结。

以下，让我们先来学习三种不同外观、不同系法的基础领带结打法。

领带结打法之温莎结

温莎结是一个形状对称、尺寸较大的领带结，它适合宽衣领衬衫及商务和政治场合。缺点是，它不适合搭配窄衣领的衬衫。这种领结是以整洁而闻名的温莎公爵的名字命名的，打出来比较大，给人以高贵的感觉。

一些人认为是英国国王爱德华八世，即温莎公爵，发明了温莎结。也有人说是温莎公爵的父亲、国王乔治五世首创了这种打法。无论真相是什么，我们所熟悉的温莎结是一种相当庄重的领带结打法，适合丝质领带。因其打出来较大，故十分适合意大利式领口也就是八字领的衬衫。

第一步

将领带绕在脖子上,自然下垂。宽的一端在左,窄的一端在右。左右交叉,宽端压住窄端,并且要比窄端多出 30 厘米左右;领带缝合面朝内。

第二步

宽端由内侧往上翻折,从领口三角区域抽出。

第三步

将宽端翻向左边,再由内侧向右边翻折,即宽端绕窄端旋转一周。

第四步

宽端往右折叠,压住窄端。

第五步

宽端从领口三角区域拉出。

第六步

宽端穿过结,向上滑动到领口,进而束紧。

领带结打法之半温莎结

第一步

交叉领带的宽、窄两边,从左至右,宽端压住窄端。让领带围绕你的脖颈自然下垂,宽端在右手边,压住窄端且较之多出 30 厘米左右;缝合面应当朝向你自己。

第二步

宽端绕窄端半周，向下穿过。

第三步

宽端从上往下折叠。

第四步

宽端从领口三角区掏出。

第五、六步

宽端再绕打结处一周，从领口三角区域内侧掏出。

第七步

双手并用，先将宽端从外侧穿过打结处，右手拉紧窄端，然后用左手拉直领子。

领带结打法之四手结

第一步

领带自然围在脖颈处，宽端在右，窄端在左，宽端压住窄端，且比窄端多出30厘米左右；缝合面应当朝向你自己。

第二步

宽端绕窄端半周，从内侧拉出。

第三步

宽端再绕打结处半周。

第四步

宽端向上从领口三角区域掏出。

第五步

双手并用，将宽端从打结处拉出，拉紧，然后用左手拉直领子。

事实还是谣传?

丝绸也可以彰显男子气概?

事实。

最受欢迎的高品质领带是以丝绸制作的。编制一条高质量的丝绸领带，大约需要110个蚕茧。

如何缝纽扣

你需要的是：
· 纽扣
· 线
· 缝纫针
· 剪刀

花费时间：
· 5 ~ 10分钟

起初，把纽扣缝在衣服上只是用来装饰，表明自己时尚。直到13世纪，纽扣眼被发明，这些个小圆物件才真正开始具备实用价值，并一直沿用至今。

传统男装纽扣在右，扣眼在左——则是源于中世纪时期，当时男性在决斗时普遍右手持刀剑。纽扣钉在右边，一来自己扣扣子方便，二来便于持刀的右手伸进衣服里取暗器，最大程度上满足了决斗场合的需求。这种钉法也就成为一种传统，从中世纪一直延续至今。

第一步 穿针引线

将线头穿过针眼。将线从针眼中拉出约30厘米，针眼的另一侧同样留出30厘米的线，剪掉，两端线头打结。

第二步 纽扣定位

衣服对襟处叠齐，领口对领口，下摆对下摆，使扣眼和扣子在一条直线上。别松手。

第三步 钉纽扣

找到扣眼的中央位置,将针扎入,穿过扣眼,扎入衣襟,使得线的打结处贴住要钉纽扣的一边衣襟。

第四步 继续缝制

将针头穿入纽扣眼,滑向衣襟,然后线再次扎过衣襟到达衣襟另一侧,反复几次,直到缝紧。

第五步 再接再厉

如果是双孔纽扣,则继续从衣服反面往上穿第一个孔,再由正面向下穿过第二个孔。如此重复6~8次,确保纽扣牢牢固定在衣襟上。如果是四孔纽扣,则可按照十字交叉的钉法缝制,最终在纽扣正面形成X状的两条线。

第六步 打结收针

在衣襟背面打结,然后剪断线头,将针收好。线头不要剪得太长。

你知道吗?

法国国王弗朗索瓦一世(1494—1547),曾经在自己的一件宫廷服饰上缝了13 600颗金纽扣!

如何应急处理污渍

你需要的是：
- 冷水
- 污渍应急处理解决方案——洗涤剂、醋、柠檬汁
- 纸巾
- 洗衣机或专业的干洗店

花费时间：
- 30分钟

噢！最爱的食物刚刚做了自由落体运动，从你的嘴边直接跑到了衬衫上。污渍往往在衣服正面，并且事发突然，亟待处置。别慌，无论你想怎么处理，都不要用热水清洗它。先找一件干净的衬衫换上，然后再花上一定的时间，温和地去除这些污渍。以下是给你的一些建议。

第一步　确定污渍的类型

不同污渍需要区别对待。

第二步　浸泡污渍

最稳妥的除渍方法是先简单用冷水弄湿，防止污渍在织物上凝固。

第三步　选择处理方案

根据污渍的不同，选择相应的处理方法。轻度酸醋或柠檬汁可以去除咖啡渍或茶渍，而油污、血渍、巧克力、口红或化妆品最好还是使用衣物洗涤剂或者洗洁精除掉。

第四步　温和地应用处理方案

在污渍处背面轻涂去污产品，不要直接在污渍处涂抹，否则污渍粘在衣物上，更不容易去除。

第五步　将污渍面朝下

将沾染上污渍的一面朝下，放置在纸巾上。部分污渍将被吸附到纸巾上。

第六步　休息一会儿

时间是去除污渍时必不可缺的，大部分去污产品都得涂上等一会儿才能产生效果。但要注意别让污渍变干，否则可能会令污点凝固甚至变大。

第七步　冲掉

15 ~ 30 分钟后，在冷水下冲洗污渍，将污渍和去污产品一同洗净。

第八步　洗掉

如有可能，当即将衣物洗净烘干，或者送去专业的干洗店处理。

生活常识

羊毛织物，只能在常规温水中配合温和的洗涤剂进行清洗。

切勿使用漂白剂！漂白剂会令羊毛织物发生溶解。

也千万别用热水！热水会使羊毛织物缩水变形。

如何叠衣服

你需要的是：	花费时间：
·短袖或长袖衬衣	·1分钟

地板和衣橱怎么会一样呢？不要随便把衣服扔到地板上，衬衣都叠起来收拾好，才能保持应有的整洁。或许目前你觉得这真是够无聊的，但试想一下，当你哪天翻遍整个房间才找到最中意的衬衫，却发觉那上面满是褶皱——那时你是不是觉得学会叠衣服其实也可以帮你规避不少尴尬和挫败？

第一步　扣上扣子

如果衣服上有扣子，先把扣子一一扣好。

第二步　翻个面

在干净的桌面或平台上，将衬衣正面朝下平铺，把袖子理顺。

第三步　抚平

用双手弄平衬衣上的褶皱和纹路，令起褶处尽量归于平整。

第四步　从右手边开始

取右肩为中线，把右侧袖子和右半边衣服垂直向左翻折，形成一条直线。

第五步　折叠袖子

袖子沿袖窝处折叠，形成一个倾斜的折痕，使袖子的中线与第四步折叠处的直线对齐。

第六步　在另一边重复

重复第四、五步步骤折叠左半边。

第七步　折叠衬衣下摆

衬衣等分三段，下摆向上叠两次，最后使得衣服下摆正好贴合在领口处。

第八步　翻转到正面

将叠好的衬衣翻个面，正面朝上。

聪明男人知道的那些事

"衣物熨烫平整，造型远离困窘。"

——科尔曼·考克斯，作家

如何叠出无褶长裤

你需要的是：
· 一条烫过或免烫的休闲裤

花费时间：
· 10秒

从大堆衣物里辛苦翻找出来的裤子总是皱巴巴的，看起来很凌乱，好像永远都不能穿着出门了。其实并不然。只要在叠衣裤时运用几个简单的小技巧，你就完全可以摆脱这种困扰。来吧，让你的长裤无褶，保证你分分钟就可以出门会客。

第一步 拉上拉链

首先，将裤钩扣上，拉链拉好。

第二步 对折

将长裤拎起，令拉链面朝向你。将裤子垂直方向平分为二对折整齐，令纽扣拉链所在成为一条边，裤腰上的前后接缝相接。

第三步 垂直拎起

抓住裤腰，将对折过后的长裤拎起，使两条裤腿自然垂下。

第四步 平放

将两条裤腿打理平整，对齐叠放好，平置在干净的水平操作台上。

第五步　**继续进行折叠**

取裤腰带到裤脚之间的中线，进行水平对折。即折痕到裤腰带和到裤脚的距离相等。

第六步　**再对折**

再次进行对折。这次折叠意味着两条裤腿最终将被整齐地折叠到里面。

> **你知道吗？**
>
> 两个欧洲移民人士——雅各布·戴维斯和李维·斯特劳斯（Levi's创始人），于1873年开启了风靡全美的牛仔裤热潮。除了传统的靛蓝色斜纹牛仔布，他们还创造性使用了耐磨的棕色帆布，并在口袋上用铆钉进行加固。

如何挂裤子

你需要的是：
- 烫好或免烫的休闲裤
- 裤子衣架

花费时间：
- 30秒

总有那么一些休闲裤，如果你没有把它们挂进衣柜壁橱，或是没能把它们"恰到好处"地挂在其他衣物之间，它们就不会给你好脸色看。到底要怎样挂才能让它们更熠熠生辉呢？其实并不难。只要你别把裤子和其他衣物挤在一起，这样就能保持裤子不皱，甚至完全有可能长期免烫，穿上就能出门。还等什么呢，赶紧学着点，让你的衣架焕然新生。

第一步　拉上拉链

首先，把拉链拉好，纽扣扣上。

第二步　拎起

握住裤腰，垂直拎起，让两条裤腿自然垂下。两条裤腿的中线对齐。

第三步　对折收拢

取裤腰到裤脚之间的中线进行水平对折。折叠处到裤腰和到裤脚的距离等长。

第四步　嵌入裤子衣架

把裤子放入衣架，水平对折处正好处于衣架水平杆处，裤腰、裤脚朝下，裤腰裤脚对齐。

第五步　挂起

在衣橱里给它找一个合适的位置挂好，免得回头又和其他衣服挤到一块儿。

> **生活常识**
>
> 购买新的休闲裤时，首先要看看面料。另外，方格布、条纹布的布纹一般都会拼接得像完整的一块布一样。所以，需要确认包括裤腰带在内的所有接缝完美，不存在异常凸起、裂隙、撕裂或多余布料残留。

第7章

运动与休闲

成为一个优秀的男人并不意味着你必须是个多么伟大的运动员。事实上，在大多数运动中，只有约0.03%的人是专业玩家，而大多数其实只需要掌握一些基本的运动技巧就可以了。

成为一个优秀的男人并不意味着你必须是个多么伟大的运动员。事实上，在大多数运动中，只有约0.03%的人是专业玩家，但不幸的是，很多人以为所有的男人都得像这0.03%一样，什么运动都要擅长。怎样通过运动赢得众人的好感呢？其实只需要掌握一些基本的运动技巧就可以了。无论是球场、草地，还是好友家后院里吃着烧烤一时兴起临时拼凑的比赛，莫不如是。在运动场上游刃有余并没有多么复杂，真的，总结起来就四个字：熟能生巧。

可能你仍然向往着成为职业运动员，不幸的是，这几乎是不大可能的。你可能不知道，NFL（美式橄榄球联盟，National Football League，简称NFL）每赛季引进的新援数量，甚至都没有每年被雷电击中的倒霉蛋多。当然，不可否认的是，也有少数幸运儿脱颖而出成功入选。他们往往以为只要与俱乐部签了合同就梦想成真了。可是，这个美梦又能延续多久呢？并不像大多数新菜鸟听到的那样，绝大多数运动员的职业生涯短暂得出人意料。拿NFL球员来说，平均赛场生涯只有三年零两个月。大部分球员为进入职业联盟花费了足够长的时间，最终出现在赛场上的时长却不及五分之一。尽管拥有世界级的训练水平和最先进的护具"防弹衣"，美式橄榄球员依然是相当危险的工作。这项以激烈的冲撞、极具观赏性的身体对抗著称的体育运动，对于球员来说，却更多意味着首发位置的争夺和如影随形的受伤。竞争和伤病始终威胁着美式橄榄球运动员的赛场荣耀，直到他们职业生涯的终结。

只有极少数球员例外。NFL前锋线球员诺姆·埃文斯，就属于这极小概率中的传奇人物之一。他身高1.99米，体重约113千克，14年职业生涯赋予了他作为进攻截锋的丰富经验。穿上73号球衣的他，仿佛迷彩涂装的M1艾布拉姆斯主战坦克一般；对于速度、敏捷性和力量的综合掌控使他在战斗中英勇无敌，他是战斗的掌控者，甚至是战斗规则的建立者，对方球员几乎无法从他的爆发力中逃脱。

诺姆·埃文斯的球员生涯横跨AFL（澳大利亚澳式足球联盟，Australian Football League，简称AFL）与NFL。颇为传奇的14年，却绝非幸运使然。颠簸不定的那些年里，有十年诺姆都在为迈阿密海豚队效力。而在任职期内整整十个赛季里，他仅仅缺席了两场比赛。十年如一日，义无反顾。高水准的职业素养，为他在这支 1972 年赛季 17 场全胜的不败之师里赢得了举足轻重的一席之地。作为精神领袖，他和这支队伍一起，在球队乃至 NFL 的历史上写下了浓墨重彩的一笔。迈阿密海豚队收获了 NFL 首个也是绝无仅有的一个全胜夺冠的"完美赛季"。而三届超级碗以及两次入选年度全明星赛职业碗之后，诺姆在 188 场比赛中成功完成了 160 次首发。

那么，诺姆卓尔不凡的赛场表现，以及异乎寻常的运动员生涯的秘诀又是什么呢？他用了一个相当简单的词来总结成功的关键："练习"。诺姆解释道："从始至终，你需要基本功的训练。以正确的方式练习正确的内容，它终将成为一种习惯。作为一个锋线球员，我从未停止过基础训练，我会再三地找那些对比赛各项基础都有深刻理解和认知的教练们，根据他们的安排和指导进行训练。一个好的教练员本身就足够了解重复的重要性，也必然清楚一再练习基础步骤的必要性。这些，就是我整个足球生涯的常态。我还记得十四岁的时候在高中玩足球的第一天。你知道那一日我们练习的是什么吗？是跑球。你能想到我们在 NFL 作为美式足球运动员的最后一天，又做了什么吗？我们练习了跑球。"

诺姆的秘诀是没有任何急功近利的基本速成法，只有练习。他说道："你必须由内而外、深入浅出地理解并认同——练习使你必须投入时间。你要具备义不容辞履行这个承诺的长期觉悟。"诺姆是第一个这样告诉你的人——只有一种特定的运动员类型，可以通过重复的练习复制这种成功。同时，这类运动员必须采取学生式的学习思维模式。

乐于反复练习，这就意味着你必须是个足够谦逊的好学生，你不能认为自己什么都懂了。你必须要有学习如何变得更好的意愿，有随着时间的推移，在循环往复中不断自我提升的恒心。成为这样一个好学生的关键要素是内驱力。我的内驱力在于，我渴望打得更好。我的内驱力来源于对父亲人生哲理的继承，来源于父亲为人处世中回过头去一遍遍重新完成一件事情的精

第7章 运动与休闲 | 135

益求精。他会说："孩子，去做正确的事情，你就永远都不会走弯路。如果你不去正确地做这件事，那它也就不值得做了。"父亲通过练习、重复、把事情做好的这种内驱力，耳濡目染中同样也深深扎根于我的心里，陪伴着我走到如今。

诺姆同样也认同，除了橄榄球，生活中还有许多别的东西。

父亲教导我要在生活的方方面面秉持"做对做好"的原则，这些教导令我受益终身。同时，他也强调在生活中练习，比如，我准备去看望母亲，他会提醒我要记得跟周围每一个人打招呼。我就像个听话的学生一样不断练习，只不过我的课程是"如何更好地与他人交流"。要知道，沟通源于倾听。

父亲的忠告时至今日仍然适用。在生活的每个领域我们都需要重复的力量。通过很长一段时间的重复练习，我终于学会了如何更好地与人沟通。这和学习如何把任何事情做好是一样的。熟能生巧，亘古不变。好比跑球之于我，对基本功的融会贯通来自年复一年的重复练习和"追求卓越"这个内驱力。运动、朋友、家人、信仰——对于你珍视的任何一个领域，任何你想要做好的事情，永远不要停止练习。你将永远都在进步，永远都在不断地成为更好的自己。

如何扔橄榄球（美式足球）

你需要的是：
· 橄榄球（美式足球）
· 传球对象

花费时间：
· 大量的练习

所有胸怀抱负的四分卫都渴望自己抛出的橄榄球永远落地精准、反弹方向精确，传出完美的旋转球，就像 NFL 赛事集锦里那样，那些职业球员的长传球看起来似乎毫不费力。然而对绝大多数的普通人来说，却鲜少能扔出什么值得回放的美好画面。

据联盟中以传球精准著称的球手们说，传球的准与不准，其实只在于你们有或没有如陀螺般地重复练习过。任务从来艰巨，但也不难做到。你需要的只是练习、练习，再练习。

第一步　热身

运动前要给手臂做热身和拉伸，这将有助于提高精准度并减少潜在伤害。

第二步　握球

小指和无名指跨过缝线，大拇指放在球的下面。食指跨过接缝并与大拇指形成 L 形。不要用手掌握球，尽量在掌心和球之间留出一定空间。

第三步　调整站姿

站姿很关键。移动双脚，调整位置，将站位确定在与目标垂直的某个 90 度角上。如果你用右手扔球就向右转，用左手扔球则向左转。转动身体重心所在的脚（与扔球的手臂相对），朝向目标，目光锁定，密切注意目标动向。

第四步 准备投掷

弯曲投掷臂，将橄榄球托起至同侧肩膀上。如有需要，还可用另一只手帮忙将球稳住。此时你的手臂已经准备好，随时可以将球以弧线状扔出。

第五步 扔出橄榄球

流畅地衔接成单个动作，先将球稍稍往肩膀后方向带一些，而后投掷臂随着手肘关节的伸展，顺势向前呈弧线状快速挥出；同时，前脚上前一步，沿出球方向转动上半身。球出手时应从几个指尖滑滚而出，食指最后离球，施加螺旋力度，在球出手的瞬间配合手腕向前的甩动，传出旋球。这个手臂、身体和腿部之间的协调运动，有助于增加出球的力量和旋转强度。

事实还是谣传？

体重越大，越容易跌伤？

事实。

从当年爷爷辈的"黄金时代"到现在，美式足球运动员的平均体重足足增加了45千克，连同身高和身体脂肪含量也显著增长。这个话题是"沉重"的，值得深思。要知道，1980年时，就只有三名NFL球员的体重超过130千克，与如今相比简直是小巫见大巫。根据美联社的调查，今时今日的NFL球员中，体重过130千克的已经超过400个。

如何投篮

你需要的是：
· 篮球
· 篮框

花费时间：
· 大量的练习

约翰·伍登，前美国职业篮球运动员、教练员，美国篮球史上最具影响力的传奇人物之一。三次入选全美最佳阵容，赢得六座"年度最佳教练员"奖杯，先后以运动员和教练员两重身份入选篮球名人堂。不管是作为球员还是教练，约翰·伍登都能带领团队全力以赴赢得比赛。在整个职业生涯，他带领各支球队取得的胜利总计885场。

在伍登执教的27年间，加州大学洛杉矶分校棕熊队十次夺得NCAA（美国全国大学体育协会，每年举办各种体育项目联赛，尤其以上半年的篮球联赛和下半年的橄榄球联赛最受关注）篮球联赛冠军，其中甚至包括一个七连冠、四个全胜赛季，并创造了NCAA一级联赛有史以来空前绝后的88场连胜纪录。伍登被ESPN评选为"20世纪最佳教练"，其一生取得的荣誉和辉煌战绩不胜枚举。然而，说起这位篮球史上最受尊敬的教练之一，伍登最经久不衰的智慧，莫过于他和球员们分享的生活启示、箴言哲理。

"请重视你的品格甚于你的声誉，因为你的品格才是真正的你，而你的声誉仅仅是他人的评价而已。"

"要快，但不要匆忙。"

"忙碌和成就不是一回事儿。"（"蜜蜂与蝴蝶虽然都在花间飞舞，但一个在创造，一个在虚度。"）

"在做一个篮球运动员之前，更重要的是怎么做人。"

伍登的话，或谆谆教导或鞭辟入里，无不是他留给后人的宝贵财富。他从不将他的球员们夸大成球场上的巨人。他心心念念都是鼓舞和启发他的弟子们——成长为自信而有所成就的人；成长为可以兼顾篮球和生活，以及赛场内外的人。

第一步 站姿

膝盖微微弯曲，后背挺直，身体向前倾，使肩膀朝向篮框。双脚与肩同宽站立，身体保持平衡。面朝篮框，惯用脚在前，和另一只脚保持半步距离，左脚右脚前后稍微开立。

第二步 握球

将要发力投篮的手五指张开，由下侧将篮球托住；另一只手掌从外边帮忙固定和扶球。

依靠指尖发力控制篮球的位置，在掌心和篮球之间留出一定空间，掌心不与球体相贴。预备投篮时，持球于肩部上下位置，将篮球控制在胸部和下巴之间的空间范围内。

第三步 瞄准篮框

面朝篮框，动作协调，将篮球从预备姿势上举的同时，伸直膝关节向上跳起；双手持球往上经过你的脸部正前方，随即顺势向上前方伸展双臂。不再将球带回耳朵附近的位置。

第四步 投球出手

小臂用力往上推球，在小臂即将伸展伸直之际释放双手，篮球离手。离手时手腕快速下压，同时由右手食指和中指指尖朝向篮框方向拨动，沿拱形抛物线飞出。小臂上推、手腕下压与手指弹球动作基本同时进行，对球施加动力。另外，此处不允许平直球。

第五步　保持随球姿势

保持投篮动作直到球撞到篮框边缘。不要向前弹跳或者向后退藏匿，别表现得像某些过度自信的街头球手一样。就站在刚才开始投篮的位置。

篮球的由来

篮球这项体育运动发明于1891年。当时的设计是两只篮框分别钉在露台上，参与者以足球为比赛工具，运球，控球，向篮内投掷。因为这项游戏最初使用的是桃篮和球，遂取名为篮球。

如何踢足球（英式足球）

你需要的是：
· 足球（英式足球）
· 露天场所或空地

花费时间：
· 大量的练习

"足球"这项体育运动的正确叫法到底是什么？是 soccer（英式足球），还是 American football（美式橄榄球）？欧美两洲对此争论不休，没有定论。早期英国绅士们称之为"英式足球（soccer）"的比赛，也就是将球击入球门的竞争性活动，并非由英国人发明，而是相传源于公元前三世纪的中国的一种比赛——蹴鞠。直至 1863 年 10 月 26 日英格兰足球协会在伦敦成立，并为改称为"足球（football）"的体育比赛制定出第一套规则，自此，才宣告了现代足球运动的诞生，英国成为现代足球的发源地，而足球运动的发展也进入了一个崭新的阶段。

时至今日，除去在美国国内，美式足球即美式橄榄球的头把交椅地位难以撼动；放眼全球，最受欢迎的团队运动项目莫过于"另一项"足球运动——英式足球。是的，"英式足球"，美国人会这么称呼道，一如 1863 年英格兰那些自以为有教养的英国佬曾经的喊法。即使全世界现在都把它叫作"足球"，美国人的普遍叫法也还是"英式足球"，毕竟美国概念里的"足球"，只有美式足球而已。至于这场撞名引发的争论，或许就这么各自"英式""美式"着悄然平息了，或许依然无解着，又有谁知道呢？

第一步　热身活动

运动前要为双腿做热身和拉伸，这将有助于进入踢球状态并减少潜在伤害。

第二步　进入场地

在面前开阔的一处站定,将足球丢在脚下。

第三步　后退几步

从足球处往后退几步,站在距离球几步远的后方。你不需要快速起动,所以,从十五大步远处助跑冲刺过来什么的,并不用考虑这些。

第四步　确定支撑脚

支撑脚是指——当你另一只脚去踢球时在球旁边支撑你站立的脚,即没有接触球而是在球边上的那只脚。

第五步　笔直向前

从后往前走两步,加速迈步走向足球。

第六步　调整支撑脚站位

将不用来踢球的支撑脚框定在球侧的一条直线上,调整前后。支撑脚太靠后,则踢到的位置低,很可能会触地踢起一块草皮而不是踢到球;支撑脚太靠前,则踢到球时脚还没有达到足够冲力,位置也过高。

第七步　调整支撑脚指向方向

支撑脚指向的方向与你想把球踢往的方向相同。如果想让球向左去,就让支撑脚微微向左;如果想让球向右去,就让支撑脚微微向右;如果是想让球笔直向前去,则支撑脚朝向前方。

第八步　摆腿

把你踢球的那条腿撤回,积蓄射击速度。流畅地衔接成单个动作,旋转臀部，向前摆腿。传球、带球时膝盖伸直，射门时膝盖弯曲。

第九步 射门

放置好支撑脚，将另一只脚笔直地屈回，脚尖指向地面，踢球腿用脚背踢球。射门时，球和脚的接触点以鞋带上方正中间位置为最佳；传球或带球时，接触鞋子内侧。

第十步 保持平衡

踢球时，要善于利用你的手臂来平衡身躯。刚开始，这可能会让你看起来有些像稻草人，所以，要多加练习。

聪明男人知道的那些事

"足球比赛中，最重要的是全身心投入并尽力做好你该做的事。要知道，胜利总会到来的，但这一路上同样会有失败。从踏入赛场的那一刻起，就要有应对乃至驾驭任何结果的觉悟。"

——卢西奥·费雷拉·达·席尔瓦，巴西职业足球运动员

二缝线快速球怎么投（棒球）

> **你需要的是：**
> · 棒球
> · 棒球手套（投手手套）
> · 打捕手位的朋友
>
> **花费时间：**
> · 大量的练习

威利·史塔吉尔，美国棒球名人堂成员，曾经这样描述他所从事的这项运动——"他们会塞给你一根圆柱形球棒，向你投掷一个圆形的球，要求你用球棒刚好击中它。"你以为不难？才不是呢！简直难于上青天。要知道，许多强力型投手投出的快速球都能以近 160 千米 / 小时的球速穿过本垒板上方。

从投手的角度来说，要想飙出一记极具爆发力的快速直球，靠速度避免球被打者击中，也是需要相当力量、精准度和练习的。不过好歹还属于业余爱好者可以模仿和尝试复制的范畴，是不是？从学会投快速球开始，你将更受教练员们的青睐，也将更有机会令对方打者们无奈。

第一步　二缝线快速球握球方式

拿球并找到两条缝线最接近的地方，把食指与中指分别放在窄缝上贴合，即食指与中指牢握在缝线最窄的地方。拇指置于球的下方，位置大约就在食指与中指中间，略碰到缝线呈马蹄形的部分的顶端；缝线呈马蹄形的地方就是缝线最宽的地方。

第二步　戴投手手套掩护自己的出球套路

将球抓在不透明的投手手套中加以隐藏，防止打者看到你的握球方式进而判断出球路。

第三步　让棒球飞

食指与中指改用指尖抠住缝线。投掷出手时球从指尖飞出，旋转出一定的"回旋"。若用手掌握球，则释放开时用时较长，令你的精准度和速度大打折扣。

第四步　顺应随球动作

密切注视目标情况，顺应投掷臂的随球动作前倾，整个身体随着你的投掷动作向前移动。

> **你知道吗?**
>
> 人体从事各种形式的体育锻炼都必须首先具备相应的运动能力，运动能力是人体进行体育活动的基础和前提。而从生物学角度，人体运动能力受身体形态、生理机能和运动素质制约，运动能力必然是有极限的。
>
> 譬如，再有爆发力的快速直球，也很难快过160千米/小时这一人体运动能力的上限。你大概要问为什么，原因是：我们肘部韧带的承受能力不是无限的，接近临界点时就会造成肘部韧带和肘关节损伤；而向上投掷出160千米时速所需的扭转力矩，是超出了肘部韧带所能负荷的。

如何挥杆（高尔夫）

> 高尔夫球是最接近于我们所谓"生活"模式的运动，俯拾皆是人生百态。分明打了一杆好球，也可能落点位置相当棘手；分明不怎么样的一杆，偏偏架不住机缘巧合运道好。只不过无论出现什么状况，你都只能照单全收，球落在哪里，就在哪里重新挥杆。
>
> ——鲍比·琼斯，美国业余高尔夫球员、职业律师；被称为"史上最伟大的业余球手"

你需要的是：
- 高尔夫球杆
- 高尔夫球
- 高尔夫球座

花费时间：
- 大量的练习

第一步　握杆

如果习惯用右手，则用左手抓住球杆（反之则右手执杆）。右手在下，左手在上，双手握杆。移动右手小指至左手食指和中指之间，左手拇指保持嵌在右手掌心状态。

第二步　站姿

双脚分开，与肩同宽；背部挺直，微微弯曲膝盖，由臀部位置起上半身向前倾。

第三步　击球准备

在离开球不远不近的舒适距离处站定。不太远，球杆往前，杆头可以碰到球面；不太近，球杆向后，不至于影响你的身体转向或手臂摆动。此时两臂应该是伸直的。

第四步　上杆，球杆挥出前的准备姿态

手臂水平方向向后挥动：主导臂保持伸直，另一臂微曲。转动上半身，使你手中扬起的球杆和你的主导臂前臂形成一个90度角。头部始终保持不动，低头看着球。

第五步　下杆，向前挥杆的击球动作

双臂垂直方向向前挥动：双臂向下挥动，扬起球杆沿半个圆弧状轨迹带到身前。球杆杆头落后于两条前臂位置，与之形成90度角；迅速放松，则球杆杆头和双臂将顺势在击球点上形成一条直线。

第六步　送杆

从下杆到击球、送杆、收杆，几乎是在一瞬间完成的连续动作：挥杆将球从击球点打向目标方向；随杆动作不要停，继续向前方挥臂，直到球杆往上绕过你的肩头。如此，正确的送杆动作之后，你的皮带扣应该会面向目标方向；球杆会在你身后，并且你的后脚支撑点在脚趾，使你的身体在转向中保持平衡。

事实还是谣传？

绅士们经常欢呼自己"一杆进洞"，"一杆进洞"真的这么简单吗？球员只需要将进洞的小白球保存好，然后请球场工作人员记下分卡就够了？

谣传。

事实上，要被"正式"认可为有效的一杆进洞，首先需要确定满足以下条件：球员至少是在一轮九洞高尔夫球比赛的过程中打出的这一杆；球员在当前轮次中只击出过这一个比赛球；当时必须有当事球员及其随从之外的目击证人，在计分卡上签名证实。

如何推杆（高尔夫）

你需要的是:
· 高尔夫球杆（推杆）
· 高尔夫球

花费时间:
· 大量的练习

养护得当的果岭草坪，绝对堪称一件赏心悦目的艺术作品。确实，高尔夫球场草坪发展到今天，颇有些现代奇迹融合了神奇魔法的意味，常会让你忍不住赞叹："他们这是怎么做到的？"手工制作也好，播种生长也好，机械化修剪或管护也罢，要想培育出那样数以百万计短小纤细、回弹力好且耐低矮修剪的小叶片来严密覆盖果岭地面；既能承受不同方向来球的冲击，且推球滚动自如，还要保持精心修饰后的理想状态，是非常不易的。这期间需要运用到农艺、植物病理学、昆虫学、化学和土壤科学等不同领域的知识，还要在它们的成长过程中以及成形、修剪后持续照料它们。大多数高质量的高尔夫球场会要求他们的球场草坪管理人持有农业或环境科学学位。为什么？因为在大片绿色相连的草地下面，还有塑料薄层、排水管、岩石、碎石、沙子，甚至一些土壤……虽然不是很多，但也非常棘手。添加营养液栽培灌溉、肥料、化工产品，通风、阳光，每天割草、更多的化学制剂、大量的薄层分析法，于是你拥有了一个完美的果岭。除了用魔法，维护高尔夫果岭可不是业余爱好者可以胜任的工作。但任何人都可以打高尔夫。现在就可以，如果你的击近球技术就和现在所在的草坪一样美好。

第一步 握杆

如果惯用右手，则用左手抓住球杆（反之则右手执杆）。右手在下，左手在上，双手握杆。移动右手小指至左手食指和中指之间，左手拇指保持嵌在右手掌心状态。

第二步　站姿

双脚分开，与肩同宽，膝盖微微弯曲。肘部回靠到肋骨位置，上半身向前倾斜。这将使你能够平稳而舒适地轻轻将杆头搁置在球的后方。

第三步　击球准备

将推杆搁置在球后，向球的方向前行，直到脚趾到小白球近侧的距离大约等于推杆杆头长度的2.5倍。略微前倾，将身体中心线向球所在位置对齐。

第四步　击球

准备，瞄准，击球。不要冥思苦想。流畅平滑地一击，向着球洞推杆。就这样，一步到位。

了解更多

一支昂贵的推杆可以售价数百美元以上，不过花几美元从隔壁折价商品区淘来的推杆也可以将球打进洞里。然而，两者都不能让你成为一个更好的高尔夫球手。敏锐的眼睛和大量的练习才是关键。

如何扔飞镖

> **你需要的是：**
> · 一套飞镖
> · 掷镖的圆靶
>
> **花费时间：**
> · 大量的练习

扔飞镖，到底是一种游戏，还是一门机械课程？唔……实际上，这既是一种游戏，也是一门课程。扔飞镖的时候，会涉及到杠杆、铰链结构、关节、加速度、抛物线曲线、减速等物理学的问题。当然，还有你投标时的情绪状态。如果你在飞镖游戏中击中靶心，实际上你已经使用了这些物理定律。你不需特意为这个游戏学习多么高深的物理理论知识，不过，掌握一些基本物理定律，大有裨益。

第一步　手握飞镖

把飞镖放在掌沿上，找出它的中心平衡点（即重心）。用拇指和你偏好的一两根手指抓住飞镖重心略微偏下的位置。

第二步　瞄准目标

记住：眼睛、飞镖和目标成直线。专注于靶子上你想要投中的确切位置——这就是你的目标。不要让任何路过的人分散你的注意力。射向头部的飞镖可不属于向妹子搭讪的好途径。

第三步　启动

弯曲手臂，慢慢地把你的前臂往脸部方向收回。最精确的投掷者，会将其停在不到下巴的位置或脸颊旁边。避免飞镖直接和眼睛接触。

第四步　加速

随着手肘、前臂向目标方向平稳加速。速度不要太快，否则你会失去控制；也别太慢，否则你会伤到脚趾。

第五步　投出

自然思考。当你的手臂、手腕和飞镖到达最向前的加速度，投出飞镖，让它飞向那个你从握住飞镖起目光就没离开过的目标。不要抬高手肘，否则飞镖会越过目标射过头；也不要紧抓不放，不然飞镖会落位过低。

第六步　随镖动作

你的手要完全瞄准目标，这样不仅更精准，也是一种暗示，借此宣告："看见没？我要出手了！"

> **你知道吗？**
>
> 最早的草地飞镖的头是金属的，很重。由于这种飞镖频繁造成致命的人身伤害，1989年起，美国境内全面被禁，加拿大也从次年起将"加长镖头的草地飞镖"列入禁止流通的行列。

如何打台球

> **你需要的是:**
> ·台球桌
> ·台球杆
> ·台球
>
> **花费时间:**
> ·大量的练习

台球：一种在铺有毛毡，并且有横木围栏的特制球台上用球杆击球，并累计得分，以此确定比赛胜负的室内娱乐体育项目。世界上最受欢迎的台球运动是花式撞球和斯诺克。

花式撞球（亦称美式撞球）：球桌上有六个袋口，击球目的在于碰撞以使子球落袋，因使用标有号码的各色子球，故称为"花式撞球"。白色母球的作用在于将 1 至 15 号的子球击进袋中。

斯诺克：在一张 3569 毫米 ×1778 毫米大小，台面四角以及两长边中心位置各有一个袋口的标准球桌上进行的，一种落袋式台球运动。使用的球分别为 1 个白球，15 个红球和黄、绿、棕、蓝、粉红、黑 6 个彩球，共 22 个球。

第一步 手桥（架杆）

把手放在母球前的台面上，滑动拇指与食指呈"V"字。手桥是用于架住球杆和调整杆头瞄准方法的指导。

第二步 瞄准

握住球杆的宽端，将窄端架入手桥的 V 形中。稳住球杆，缓慢地将球杆拉回、推出几次，练习瞄准母球上你想要击打的确切位置。

第三步　**练习出杆**

控制母球走到自己理想中的位置是靠杆法和力度来实现的，不同的杆法是根据球杆击打母球不同位置而产生的。在一张公共球桌上练习出杆击打母球，从台面的一条库边沿直线到相对的另一条库边，然后直接回到你这里。

第四步　**练习击球**

在白色母球前放置一个彩色台球，练习击打母球，令母球走直线撞击目标球。变换主球的击打点，尝试令目标球反弹回来撞进中袋或底袋。

第五步　**参与切磋**

勤加练习，注意角度，你的比赛水平将会日渐提升。

聪明男人知道的那些事

"千万别误把台球杆放在巧粉盒上，巧粉盒一旦倒了，那些蓝色粉末就会撒得到处都是——围杆上、衣服上以及手上，甚至鼻子上——当你用发蓝的手碰触鼻子，小心鼻头会发痒哦。"

——罗杰·斯滕斯兰德（作者乔纳森的祖父），台球运动员

第7章　运动与休闲　|　155

如何掷马蹄铁

你需要的是：
- 马蹄铁组套
- 两个约36厘米高，相距约122米的打入地里的标桩

花费时间：
- 大量的练习

在堪萨斯州布朗森一个尘土飞扬的地方，弗兰克·杰克逊被授予世上首个掷马蹄铁世界冠军腰带。那是1910年的夏天，当时甚至还没有正式的规则引导玩家如何赢得一个ringer（套环，此指马蹄铁完全套在柱子上）。碰巧那日杰克逊掷出的深坑，正和他曾经在回他位于爱荷华州凯勒顿的家的路上掷出的相似。而四年后在堪萨斯城的法庭上，一系列关于如何进行这项比赛的宪法、规章制度和规则被通过。这对这项运动的改变无疑是巨大的，甚至将它推向了全球。如今这已经成了世界各地无数家庭后院、露营地以及夏季野餐会上的保留活动。

第一步　握住马蹄铁准备掷出

用投掷手握住马蹄铁。没有规则规定你必须怎样抓着这个1.1千克的家伙。方便突然抬起而后掷出的抓握方式是拇指在上，其他手指在其下方，稍微偏离马蹄铁中间的正中心。

第二步　站在犯规线后方

在坑洞和标桩的投掷区一侧站定，两脚并拢，准备掷马蹄铁。

第三步　**向前迈步**

投掷手握着马蹄铁，伸展投掷臂，手不过肩地加以摆动，再往后回到身体旁边。与此同时，通过与投掷臂相对的那条腿小幅度向前迈步来保持身体平衡和投掷节奏。只要不超出犯规线（一般距离对面标桩约82~112米）即可，随你喜欢，凭感觉迈步。

第四步　**投掷马蹄铁**

向前迈步的同时，手不过肩地摆动投掷臂，向后回到身边再沿着身体旁边继续向前。当你的投掷臂、手、马蹄铁都对准了目标标桩，顺势释放或者说"投掷"马蹄铁。

第五步　**继续保持投掷后顺势的动作**

让你的投掷臂仍在像握着马蹄铁一样，对着对面的坑洞和标桩空举着，直到完成投掷后的整个顺势动作。

事实还是谣传？

投掷马蹄铁完全是力量运动？

谣传。

事实上，每块马蹄铁大约只有1.1千克。这项运动的关键其实是瞄准和策略。

第 8 章

汽车与
驾驶

每个男人都会开车,但只有真正的男人才会将它掌控自如。

步入成年后，那些在毛毡跑道上开玩具赛车的日子就应该抛诸脑后了。当你到了法定年龄，拥有了驾驶的资格，新世界的大门就在向你招手了。你是否能掌控自如呢？你可知道如何安全地维护、操作、买卖、尊重以及欣赏一辆汽车和其独有的魅力？这些都将是对你的考验。当然，每个男人都会开车，但只有真正的男人才会将它掌控自如。道格·赫伯特就是这样一个男人。他是美国国家高速汽车协会（National Hot Rod Association，简称NHRA）直线加速赛赛车手，同时又是一位车队老板、商人、丈夫，同样也是一位父亲。他在驾车方面的丰富经验，以及在追逐时速的人生旅程中发生的那些令人心碎的个人经历，简直就是一部真实版的《速度与激情》，足以令任何一个驾车爱好者深思。

"在四分之三秒钟内从零时速加速到每小时 160 千米，接下来的 3.5 秒里再从 160 千米/小时到 480 千米/小时，那感觉，简直令人肾上腺素爆表。"道格如是说。道格·赫伯特在顶级直线加速职业联赛中驾驶高强度负载、上万马力的火箭车（Top Fuel）赛车；速度带来的原始感受他再明白不过，并且相当喜欢。这样加速的感觉，就好像你突然被一辆小卡车撞击。前一秒车子一点儿也没发动，时速为零，处于静止状态，紧接着你猛踩油门，下一秒时速就已经超过 160 千米/小时。

难得他既具备闪电般的反应速度，专家级的驾驶技术，又拥有着 8000 马力发动机的赛车，道格·赫伯特过着梦寐以求的生活。道格对速度的热爱，以及对工作的投入，使得他如愿以偿——每日处于加速状态。然而 2008 年 1 月 26 日的这一天，这样的理想生活骤然转变成一场噩梦。他热爱并赖以为生的速度，夺走了两个他爱的人——两个儿子的生命。

当时，道格正在亚利桑那州为 NHRA 直线加速联赛做准备。而他的两个儿子，乔恩和詹姆斯，在回北卡罗莱纳家里的路上决定要来一场未经许可的双人疾驰。要知道，周末去当地的麦当劳吃早餐一直是两兄弟的惯例。完美的周末，当然是从美味的麦当劳香肠、鸡蛋和奶酪开启，没什么能让他们放弃。

道格教导过他的儿子们，开快车是极其危险的行为。他甚至曾经多次告诉乔恩："不准开快车。你要是被开了超速违章罚单，我立马拿走你的车。"然而，在这个下雨的早晨，男孩们忘记了父亲的警告，无视了交通规则，但是他们失去的，远不止驾驶汽车的特权。

在两个人试图超过一辆慢速行驶的汽车的时候，他们没发现选择超速驾驶对彼此而言意味着怎样的危险。两兄弟的这场竞赛只持续了极短的一段时间，时间短到就连他们的父亲都无法在这么短的时间内赢一场比赛。超速的结果是，他们的车迎头撞上另一辆迎面而来的车，兄弟俩当场失去了生命。

道格先生，回想着这一切，语调低沉，继而语速缓慢："猝不及防，听到消息的那一刻我几乎无法呼吸。这样的事情怎么可能发生在他俩身上？我以为自己的孩子明白，离开了赛道，超速驾驶毫无必要。"

时光流逝，那场车祸已过去很久。道格先生，这位赛车手，也回到了他的赛场上。如今，带着对儿子的回忆和他们的照片，他再次重回赛场，以480千米/小时的速度奔驰在赛道上。两个儿子的头像醒目而骄傲地喷绘在改装赛车两侧，连同喷绘的还有一句承诺：铭记于心。

他希望所有的年轻驾驶员都能从中得到教益，吸取教训，引以为戒。"我想告诉世界各地青少年一件事，那就是，我也曾经16岁过，就我从事的工作而论，简直早该死掉不止十次了。开车真的很危险。但如果你仍想追求快速，那么就去一个为此而生的地方。这个地方就是赛道。你不能在街上开快车到处跑，那样人们和你都会受伤的。"无疑这也是乔恩和詹姆斯想要所有年轻驾驶员学习和吸取的教训。

如何使用手动变速器换挡

你需要的是：
- 配备手动变速箱的车辆
- 空无一人的停车场或没有车辆行人的水平路面

花费时间：
- 三十分钟以及大量练习

"如果没能找到，就直接碾压过去。"这样的调挡建议并不能帮你提升速度，只会令你不得不计划着去一趟变速器修理站。了解怎样以及何时需要加挡或减速至低挡，才能保证即使和别人聊天时，也能够自如地操作踏板和变速杆。现在也许看起来很难，甚至你会觉得这几乎是不可能的。但是随着练习次数的增多，你就能掌握到诀窍了。到时候，在你发现障碍物时，就尽量不要再碾碎它们了。

第一步 调整座位，确保安全

调整座位，使你的身体与方向盘和踏板处在一个舒适的距离。膝盖和肘部要微微弯曲。设定驻车制动（驻车制动器即手动刹车，常被简称为"手刹"。手动变速器没有驻车挡，其驻车制动在车辆停稳后用于稳定车辆，固定车轮，避免车辆在斜坡等路面停车时由于溜车造成事故）。

第二步 踩下离合器踏板及刹车踏板停车

注意有三个踏板，从左到右分别为——离合器、刹车和油门（加速器）。左脚踩离合器踏板，而后右脚踩刹车，将这两个踏板都踩到车内的地板上并将它们保持在那里。

第三步　挂入空挡

用右手把换挡杆位置改换成空挡位，也就是手动变速箱两挡中间的中央位置。在该位置上，换挡杆将可以轻松地从一边移动到另一边。

第四步　启动发动机

依然踩着离合器和刹车踏板，转动钥匙发动汽车。松开手刹。

第五步　挂入第一挡

用你的右手，把汽车挂入第一挡。

第六步　释放刹车

右脚抬起，离开刹车制动踏板，转而放置在油门踏板上（最右边的踏板）。

第七步　松开离合，慢踩油门

平稳抬起左脚，松开离合器踏板。当你左脚松开离合器，右脚缓慢踩油门加速，如果松开离合器时过快，汽车会向前倾斜，停滞不前。协调油门和离合器是汽车前进的关键，并将防止发动机熄火或转速加快。通过练习，你将成功领会平稳操纵、协调离合器和油门的要点。

第八步　升挡

当每分钟转速超过 3000 转时，升到更高的挡位。抬右脚离开油门踏板，左脚推进离合器踏板，升到更高挡位，抬起离合器踏板，再次踩下油门加速。

第九步　降挡

当每分钟转速降至 2500 转以下，降到更低档位。抬右脚离开油门踏板，左脚推进离合器踏板，降到更低挡位，抬起离合器踏板。

第十步　停车（空挡挂到一挡，拉手刹，松脚刹）

随着汽车减速，一次降低一挡；并且，在就要停下之前，挂入空挡或踩住离合器踏板以控制传动装置脱离，同时用右脚踩刹车。

> **了解更多**
>
> 切勿过度斜倚座位，虽然这好像看起来很酷。开车时，安全地控制方向盘、刹车、离合器、油门踏板，远比你耍酷更重要。此外，没控制好撞车后，再怎么酷炫的造型，此时也会成为没用的废物。

如何更换漏气轮胎

你需要的是：
- 备用轮胎
- 随车千斤顶
- 车轮螺母扳手
（通常包含在千斤顶工具组合里）

花费时间：
- 15~30分钟

你完全可以避免某些不必要的路边尴尬。比如在意想不到的爆胎发生之前，弄明白汽车千斤顶和备用轮胎的所在位置；在不知道哪天可能会在高速公路上被迫换胎之前，务必先在安全环境里多练习几次。熟练使用随车工具也是驾驶员应必备的一项技能。抽时间把爱车的千斤顶拿出来熟悉一下，不要等到需要时手足无措。

重要的事：

准备换漏气轮胎时，将汽车变速器换至驻车挡位，并设置停车制动。如果使用手动变速箱，则挂入第一档倒车挡位，并设置停车制动。

第一步 准备工具

从车内找到并取出千斤顶和车轮螺母扳手（如果它们不是和备胎存放在一处，则很可能在行李箱内），放在需要更换的轮胎旁边。

第二步 取出备用轮胎

从汽车的存储空间取出备用轮胎，避免等到被千斤顶顶起后再取备胎，

第8章　汽车与驾驶　　165

那样很可能造成不必要的危险。

第三步　拧松螺母

在千斤顶抬起汽车之前，用车轮螺母扳手的锥形端把轮毂罩撬开（如有必要），露出车轮螺母。用扳手将各个车轮螺母按逆时针方向拧松半圈。切勿在这一步直接卸下螺母！

第四步　放置千斤顶

查看汽车的用户使用手册，确认千斤顶在车下的正确位置。

第五步　升举车辆

利用千斤顶升举车辆，直至漏气轮胎离开地面；升举高度至少要达到足够移除漏气轮胎和安装备用轮胎的必需高度。需要注意，比起移除此时的漏气轮胎，安装备用轮胎将需要更多的时间。

第六步　卸除车轮螺母

用扳手继续拧松螺母，直至完全卸下。放置在一臂之遥以内的安全区域。

第七步　移除旧胎

卸下漏气轮胎，将其滚至远处，远离你的工作区域。

第八步　安装备用轮胎

托住备胎装到轮毂上。为确保安装位置正确，装上去时车轮的螺母孔要和轮毂上的螺母孔对齐，并确认气门嘴朝外。

第九步　螺母归位

将车轮螺母放回原位并用手轻轻拧上，然后用车轮螺母扳手按十字星交叉方式拧紧，直至车轮紧靠刹车毂为止。

第十步　缓慢放低千斤顶

缓慢放低千斤顶，直到车辆降到地面。车轮落地，千斤顶上不再承担丝毫汽车的重量，取下千斤顶。

第十一步　拧紧螺母

在清理打扫进而继续驾车之前，务必确保车轮螺母拧得足够紧。

> **你知道吗？**
>
> 吾爱吾车，吾更爱安全。要知道，如果操作不当，你的车可能会把你压伤。随车千斤顶仅仅能帮你进行常规维修，比如：更换轮胎，或是检查悬挂，不能代替举升机，支撑你进行大幅度的维修工作；切勿将身体的任何部分探到仅由千斤顶支撑着的车身下，否则一旦发生车辆滑落等危险，得不偿失。当你需要从千斤顶抬起的车辆底盘下方取回物品时，切勿直接用手去够，要选择合适的工具，帮助自己"延长"双手，比如：棍子、雨伞或扫帚柄等。

如何助推启动（电量耗尽时如何搭电）

你需要的是：
- 跨接电缆
- 另一组运转中的蓄电池（可以是朋友车上的车载蓄电池）

花费时间：
- 5~10分钟

真是够了，不知怎的，轿车顶灯晚上没关，电就耗尽了。

不管你转动多少次钥匙都无济于事，就连发动机发动起来的余电都没有。真是糟糕透顶，更为雪上加霜的是，你上班要迟到了！这样的情形是不是似曾相识，甚至屡屡发生？先别挫败地跳脚了。与其每次急得上蹿下跳，不如尽早学会下面这项堪称必备的应急技能：使用辅助的蓄电池，也就是通常我们所说的"搭电"。

第一步　找到跨接电缆

在汽车行李箱内常备一根跨接电缆（电瓶搭线）不失为一个好主意，一些赠送的车载工具包里就有。如果你的跨接电缆"下落不明"，那就向别人去借。

第二步　释放发动机罩

拉起发动机罩开启手柄。通常发动机罩开启手柄位于仪表板下、方向盘与驾驶员侧车门之间。

第三步　打开发动机罩

手指伸入发动机罩前沿与前格栅之间，找到发动机罩锁扣把手。向上推动把手，以释放发动机罩，并将发动机罩掀开。如有需要，可将发动机罩向上掀到顶，用液压支杆将其举起升到最高处并擎住发动机罩。

第四步　安置另一辆车

将另一辆车尽量靠近你的车停好。解开跨接电缆，将它们展开捋直（每端都有两个夹子，一红一黑）；两车停放间距不大于跨接电缆的长度。最理想的方式是两辆车头对头停放，停车后打开各自发动机盖。

重要的事：跨接电缆时，务必确认已将另一辆车的发动机熄火。

第五步　连接跨接电缆两端的红色夹子

首先，将一条跨接电缆一端的红色正极 (+) 夹子连接到没电的车辆蓄电池的正极 (+) 端口。然后，把另一端的红色正极 (+) 夹子连接到启动辅助蓄电池（另一辆车在运转的有电电瓶）的正极 (+) 端口。

重要的事：连接跨接电缆时，切勿将正极 (+) 夹子与负极 (−) 夹子相互连接，或是与车上其他的金属材料相接触。

第六步　连接跨接电缆两端的黑色夹子

接下来，将第二条跨接电缆一端的黑色负极 (−) 夹子连接到启动辅助蓄电池的负极 (−) 端口。然后，把另一端的黑色负极 (−) 夹子连接在无电车辆的发动机壳或车身上的金属面，例如气缸体。

第七步　启动引擎

首先，打开启动辅助蓄电池所在车辆的发动机，并使其高速空转一两分钟。然后，在所有电气附件（暖风装置、空调器、音响系统、头灯顶灯等）关闭的条件下，试着启动你的汽车。如果并没有马上启动，让电池充电一分钟后再试。

第8章　汽车与驾驶　｜　169

第八步　断开跨接电缆

一旦汽车的发动机开始运转，立即断开跨接电缆。

拆线顺序与搭线顺序刚好相反：先从你的车辆上断开负极跨接电缆，然后从启动辅助蓄电池上对应断开负极跨接电缆；正极跨接电缆也按此顺序断开。

第九步　充电

令车辆至少保持发动状态15～20分钟后再熄火，确保发动机有足够时间向蓄电池充电。

了解更多

断开跨接电缆时，切勿令金属夹两两相连接或接触车上的任何金属器物！

各条跨接电缆的端头之间应保持一定距离，在电缆全部拆下之前，还要防止接触车上的任何金属器物。否则，将可能导致电路系统短路，修理起来花费很多。

如何检查机油

你需要的是：
- 干净的抹布或纸巾
- 新添加的发动机机油
- 某些情况下会需要一个手电筒

花费时间：
- 5分钟

量油尺是一种用来检查发动机机油油位的测量工具。英语单词量油尺（dipstick）在俚语中也有笨蛋、傻瓜的意思，刚好用来讽刺和挖苦一些人忘记检查机油。当汽车发动机出现故障，机修工首先查看的就是机油。要是他发现油位过低，他会心想：哇哦，这车主还真是个傻瓜，连油位都不知道定期检查，不出故障才见鬼了。不想被吐槽？那就一定要学会如何利用量油尺检查机油，并记得定期查验。下面会告诉你，具体该怎么做。

重要的事：为了得到准确的度数，检查机油油位时，要确保发动机已经预热并将车停在水平地面上。关闭发动机，几分钟后等发动机冷却后再检查机油油位。

第一步 释放发动机罩

拉起发动机罩开启手柄。通常发动机罩开启手柄位于仪表板下、方向盘与驾驶员侧车门之间。

第二步 打开发动机罩

手指伸入发动机罩前沿与前格栅之间，找到发动机罩锁扣把手。向上推动把手，以释放发动机罩，并将发动机罩掀开。如有需要，可将发动机罩向上掀到顶，用液压支杆将其举起升到最高处并擎住发动机罩。

第三步　找到量油尺

不要把发动机机油量油尺和储液罐的液位上下限搞混。机油量油尺一般位于发动机机舱的中央附近，往上竖起露出发动机外，外形呈金属圈状的长环或把手，颜色明亮并标注着"Oil（油）"。

第四步　取出量油尺

小心地取出量油尺，避免油液溢出损坏发动机室内的零部件。用干净的布或纸巾擦净量油尺。

第五步　插回量油尺

将量油尺插回孔中，确保插入到底。这将使得量油尺能够完全延伸到发动机的油底壳。

第六步　再次取出量油尺

取出量油尺，保持水平并读取油位。正常油位应处于上下限两条标记线之间；高于上限标记线则过高，低于下限标记线则过低。

第七步　如果必要则添加发动机机油

如果油位接近或低于下限标记线，可添加发动机机油。

机油只能通过发动机机油注入口添加，入口盖上有"Engine Oil（发动机机油）"标记。

第八步　重复

根据需要重复第五到第七步，直到油位到达规定范围内。

第九步　启动发动机

务必先将量油尺和"发动机机油"注入口盖归于原位，然后再关闭发动机罩和启动发动机。

> **你知道吗?**
>
> 如果仪表控制盘上的低机油压力指示灯点亮，则表明机油压力非常低或没有机油压力，并不是低机油油量的意思。而在机油压力低的情况下，继续运转发动机可能会立刻导致严重的机械性损坏，应立即采取措施。

如何平行泊车

> **你需要的是：**
> · 汽车
> · 平行式停车位
> · 耐心
>
> **花费时间：**
> · 30秒

没有哪项低速度的驾驶操作，能如同平行泊车一般令驾驶者产生高度的自豪感和成就感。拥挤街道的路缘旁，成功完成平行泊车，这种感觉堪比赢得一场印地方程式（Indy Racing）比赛。行人们常常会被灵蛇般自如的停车技巧折服，驻足赞叹，甚至鼓掌叫好。至于那些距离路缘1米、呈37度角倾斜状诡异的"停放"造型——那是什么鬼？这种泊车不但令自己脸上无光，也很容易造成车辆剐蹭，还给他人的出行和交通添堵。你不想成为其中一员吧？你要相信，多加练习，熟练掌握平行泊车，其余的一切都会变愉快变简单。

第一步　找一个停车位

在街道上，找到一个足够容纳汽车（并且前后尚能留出足够距离）的停车位。打右转向灯。

第二步　准备就绪

慢慢停下，当你有意停靠的空位前面停着别的车辆时，平行停在前车旁边0.6~1米之间为宜，车尾与前车尾部，甚至两车后保险杠成一条直线，并排排列。

第三步　观察镜子

观察后视镜，留意周边行人、障碍物和其他车辆。

第四步　注意路况

观察街边，查看靠近马路一侧的交通状况。不要在有其他车辆在周边晃悠时平行泊车。

第五步　倒车

与前车保持平行向前开，一旦半个车身越过前车的保险杠，方向盘往右打到底后缓慢地持续倒车。倒车过程中从乘员侧和汽车前挡风玻璃下沿等角度查看前后车的保险杠位置，可以用来判断与前后车的距离。

第六步　调整摆正

一旦能从后视镜中看到后车的车牌，就意味着你的车已经处于路缘的 45° 角上。将轮胎回正，继续倒车。这将使得你的车头去到前车的后方，并令你与停车位平行对齐。

第七步　缓慢向前

挂入驾驶挡，缓慢往前开。你可能需要适当调整和缩小你与路缘之间的距离。确保将车居中停放在规定位置里，留下足够的空间给前面和后面的汽车退出离开。

事实还是谣传？

男性比女性更擅长平行泊车？

并非事实。

事实上，车技并不取决于驾驶人的性别。关键在于驾车人员对相关知识的掌握、练习实践以及对数学角度、深度知觉乃至空间关系的现实应用。好吧，这也同样牵扯出了另一个问题——我们几时真的会用到这无聊的几何函数？所以你瞧，数学同样不在乎你是男性还是女性。

拖挂车如何倒车

你需要的是：
- 后面牵引着拖挂车的车辆
- 为你指引方向的朋友

花费时间：
- 1~5分钟

失读症患者也许会喜欢这个话题。在这里，反向思维将使你受益良多。

拖挂车就是所谓的倒车，也是拖挂车前的牵引车辆在倒车。所以，这就需要你倒过来考虑问题了。施加一个有效负荷时，若使得轮子右转，则拖挂车将会向左，轮子往左转则拖挂车将会向右。凡此种种，试想一下吧。你需要有足够的耐心，并多加练习熟能生巧，将来才不至于望而生畏。你的自尊心与荣誉感会感激你的；若有生命能言语，连一路上没被撞到的树桩栏杆们都会感谢你。

第一步　检查周围的环境

绕着车辆和拖挂车走一整圈。然后，沿着你打算倒车经由的线路也走一遍。寻找是否有任何你需要注意避免撞上的。

第二步　拉直

在倒车行驶之前，先尽量前推，令车辆和拖挂车尽可能排成一条直线。

第三步　观察引导者

让可靠的朋友站在车辆的驾驶员侧，面朝拖挂车的后方，为你观察外部环境并进行引导。

你必须全程都可以在侧后视镜里看到他并听到他的声音，便于及时沟通和调整驾驶方向。

第四步　挂入倒车挡

检查周围环境并与你的引导者沟通后，将车辆变速器挂入倒车挡。

第五步　微调

控制拖挂车倒车方向的关键在于不要转向过度。缓缓转动方向盘，令拖挂车在预期转弯方向上发生轻微弯曲。记住，方向盘向右会令拖挂车向左转，方向盘向左则拖挂车往右转。

第六步　跟随拖挂车

慢慢走，不要过度转向！如果拖挂车在一个方向上走得太远，停下来往前牵引直到重新排成直线。检查周围环境，与你的引导者联系交流，然后继续倒车。

第七步　不断修正

如果拖挂车在一个方向上走得太远，停下来，往前牵引直到重新排成直线。检查周围环境，与你的引导者交流，然后继续倒车。

第八步　完成操作

当拖挂车到达的是你想要它去的地方，将车辆完全停住后，挂入驻车挡并拉起手刹车。干得好，搞定。现在你的心率终于可以恢复正常了。

聪明男人知道的那些事

"但凡感到不放心，就从车里走出来看看。倒车时，对于车辆和挂拖车后方的状况，即使只有1%的疑问也要停下来，到车外实地查证一番。此时此刻花点时间停下往回走走，发现问题及时制止，就会避开许多尴尬。这难道不比你一路闷着头，再时不时撞上那些没被发现的木桩或是谁家的渔船要好得多？"

——杰·斯伽弗斯，前UPS驾驶员教练

如何应对交通事故

你需要的是：
- 汽车
- 另一辆车或某沟、墙、柱子……

花费时间：
- 意外只在眨眼之间，后续至少1个小时

"快呀！使劲撞下去，撞个粉碎！"你不断地欢呼……当你还是个小孩子，很可能会觉得这很有趣——在硬木地板上加速行驶玩具车，然后和一堆玩具车来个55车连环相撞——在小孩子的想象中，大概算是再厉害不过的壮举了吧。然而对于任何一个成年人，在十字路口遭遇轮胎侧滑最终酿成三车相撞的轻微交通事故，显然不会产生什么愉悦的感觉。

现实生活中，没有人乐意卷入事故，这也是我们称之为"交通意外"而不是"交通行动"的原因。等等，先别盲目自信地扭过头去，坚称："这件事才不会发生在我身上呢。"我们先来看看以下交通信息：18~24岁的驾驶员，每年发生车祸的概率远高于其他年龄段。你不禁要问：为什么？答案其实很简单。年轻人思想不集中、心烦意乱、情绪波动大、肾上腺素高，常会做出一些傻事，比如：加速过猛，车距过近、转向过度，或是开车时玩手机。你当然不愿成为那样的家伙，不过，如果你的汽车确实和另一辆交通工具发生冲撞，以下就是你必须遵循的一些重要道路规则。

第一步　保持冷静

刚刚经历了一场事故，你的肾上腺素将会大量分泌，所以要注意深呼吸，尽量保持正常呼吸，保持冷静。

第二步　检查伤势

检查你以及车里每个人的受伤情况。

第三步　保证安全

打开汽车的危险警报灯。如有可能,最好把车停靠到路边,远离车流。

第四步　拨打110报警

即使这只是一场无关紧要的小车祸,甚至另一方提议私了,绕开警察和保险公司,也务必报警。

第五步　给保险公司打电话

给你的保险代理人或者保险公司的事故热线打电话,说明情况并听清他们的理赔说明和指令。

第六步　记录一切

对事故现场和车辆损伤、财产损失以及所有后果,及时拍照取证。

第七步　交换相关信息

和对方司机以及所有目击者交谈。务必问清相关的重要信息,包括姓名、地址、电话号码、保险公司信息和保险单号、驾驶证号码和车牌号码等。要有礼貌,忠于事实;不要说事故是你的错,即使你就是这么认为的。

第八步　谨慎签字

不要签署任何文件,除非是来自警察或是你的保险代理人的相关文件。

第九步　安全驾驶,小心开车

即使警察说你的车辆可驾驶了,过后还是需要进行应有的检查和修理。

更多信息

永远不要试图从事故现场逃离。这样只会令一场事故直接变成你单方面的肇事逃逸,甚至导致车祸现场当即升级为犯案现场。

如何应对警察问询

你需要的是：
- 汽车
- 开快车的坏习惯

花费时间：
- 10~20分钟

透过后窗，你看到炫目的红蓝色警灯在闪烁。你的心跳瞬时漏了一拍，连额头上都沁出了汗珠，有没有？吓到你了吧！镇定点。别瞎想，没人要逮捕你。眼前这位警官一心一意关注着你，是因为他想跟你谈谈。靠边停车，保持冷静，同时回想原因。是有什么充分的理由令警方的人必须和你见一面吗？如果你能想到，你可能已经知道你做了什么而警察又是来干什么的；如果你只是一头雾水也无妨，警察很快就会问你一些相关的问题，这些将帮助你弄清原因。

第一步 靠边停车

开启转向指示灯，在路边寻找一个安全的位置靠边停车。关掉汽车发动机，等候警官靠近。

第二步 留在车内

保持安全带系好的状态，关掉随车音乐，摇下车窗。在这个时候就不要再去想着你的手机了。

第三步 露出双手让对方看到

把双手搁置在方向盘上，令警官在靠近过程中就能清楚地看到它们。

第四步　提供相关证明文件

准备好你的驾照、车辆注册登记文件和汽车保险证明，但只有当警官问你要时再拿给他。

第五步　如实回答

看着警官的眼睛，一定要如实回答他们的问题。千万别撒谎！

第六步　接受结果

你可能会被开罚单，也可能并不会。无论如何，不管警官如何决定，你都要有个男人样，接受这个结果或是承担这个后果。如果你对罚单有异议，可依法到法院申诉。当下可不是争辩的好时机，路边显然也不是什么好地方。

事实还是谣传？

行驶途中如被警察要求靠边停车，必然是要给你开罚单了？

谣传。事实上，"执法人员会在和你交谈过后，再决定相关的处理方式。其间你真诚与否、态度如何、语气怎么样，甚至你过去的驾驶记录如何，都可能影响到对方最终决定开或不开罚单。"

——美国波特兰市警察局，B.哈里斯警官

第9章

食品与烹饪

又懒又笨的人才会坐着等别人喂食，真正独立的男人都是帅气地自己掌勺，在厨房里大显身手。一个男人，如果能为自己做饭，也能为心爱的人下厨，既会切片也会切块，既会烹煮也会烧烤，那姑娘们都排着队跟他吃饭。

又懒又笨的人才会坐着等别人喂食，真正独立的男人都是帅气地自己掌勺，在厨房里大显身手。一个男人，如果能为自己做饭，也能为心爱的人下厨，既会切片也会切块，既会烹煮也会烧烤，那姑娘们都排着队跟他吃饭。

盖·费里是一位企业家、父亲、丈夫，同时还是一位深谙厨房法则的优秀厨师。他留着长发，戴着墨镜，驾驶着古董车，还被邀请参加美食真人秀节目，别以为他是参加节目才红的，其实在此之前，他早就是红人了——因做出的食物备受大家喜爱而家喻户晓。

费里在年轻时就爱上了厨房的味道。他曾在美食节目上回忆起第一次烧饭时的情景——当时他年仅10岁："我记得父亲坐在那里。他咬了一口我做的牛排然后看着我，放下了刀叉。当时，我想，完了，我要被罚了。没想到，他突然哈哈大笑，'哇，这可是我吃过的最好的牛排'。我简直高兴坏了。这是世上最美妙的感觉。"从此，盖·费里发现了自己的美食天赋。"我会做饭，逗人们开心，而姐姐负责洗碗碟。我好像生来就是做这个的。"他就这样决定了自己一辈子努力的目标。就像任何一个优秀的男人一样，盖·费里明白，坚持练习将是他通向成功的首要秘诀，也只有这样，他才能在烹饪界获得永久的一席之地。

在成功烹饪出第一块牛排后，费里又开始学习做小吃。他喜欢做椒盐卷饼，反复做，他很喜欢这样的感觉，渐渐地，竟然有很多人来买他做的椒盐卷饼。直至他做了生命中第一辆椒盐卷饼推车，并命名为"美味椒盐"，开始售卖自己的椒盐卷饼。其实那时他还在上五年级。这个小小摊位，让这位年轻的商人挣得了人生中的第一桶金。16岁那年，他带着自己赚来的钱，离开舒适的家，选择前往法国尚蒂伊，开启了为期11个月的留学之旅。作为一名外国交换生，他对于异国他乡的语言、文化和烹饪佳肴也产生了欣赏和兴趣。这些就是他早期小试牛刀的经历。对于盖·费里，一切都还只是刚刚开始。

后来，他回到美国，继续念高中和大学，毕业后，他到一家餐厅任主厨，几年后开了自己的餐馆，由此盖·费里的烹饪之旅真正起航。一次偶然的机会，他在食品频道（Food Network）的电视烹饪竞赛真人秀节目中胜出，成为"下一个食品频道星厨（The Next Food Network Star）"，盖·费里的厨师生涯自此发生了质的飞跃。观众们喜爱的不仅仅是他的食物，还有他的模样和行为举止，以及他在厨房内外所展现的自信。是冒险精神和尝试新事物的意愿使得盖·费里与众不同，脱颖而出。另外，他也致力于把自己的厨房秘籍传授给下一代厨师。盖·费里传递给当今年轻厨师的理念其实很简单——努力尝试。你不必完美地做出每一道菜，当然这也不意味着你就能把它当作儿戏。做美食不可能像你打游戏一样轻而易举，但是兄弟，当你做了一顿美味佳肴给人享用，对方边看边吃，然后不由自主地赞道"啊啊啊，太好吃了"——兄弟，这个时候你就会体会到，再没什么比此刻感觉更好的了，那是真正成功的感觉。

就像费里大厨一样，你需要时刻准备着抓住机会，你需要愿意尝试。不用太苛刻，要求你所做的都趋于完美。本来嘛，并不是主厨做出来的一切就都是完美的。但至少，你需要给烹饪一个机会，也给你自己一个机会。

如何烹煮咖啡

你需要的是：	花费时间：
·咖啡机、便携式咖啡袋　·咖啡研磨机（如果可用）	·15分钟
·咖啡冲泡袋　·咖啡过滤器、咖啡滤纸	
·研磨咖啡、咖啡粉　·马克杯	

咖啡是最古老的能量饮料。从加冕成王的王室，到喜欢喧嚣的牛仔，这种咖啡因"豆子"提神醒脑振作精神的功效已经广为流传了几个世纪。每天光顾当地咖啡馆，则一年需要花费1500美元左右。而在家调制咖啡的话，同样一杯爪哇咖啡，一年300美元左右足矣。至于多出的这1200美元，可以用来做的事情就太多了。投资一家小型精品咖啡烘焙公司的确是其中一个较为大胆的选择。

第一步 预热咖啡机

确认咖啡机足够干净并且已经预备好泡咖啡。

第二步 估量加水量

根据你需要冲泡的咖啡杯数，往蓄水槽里加入适量冷水。

第三步 研磨咖啡豆

如果用的是预先磨碎的咖啡粉，那就直接跳到第四步。一般而言，还是现磨咖啡风味最佳。所以，只需研磨你这会儿需要的量。

第四步　更换滤纸

在咖啡机滤纸篓里放置新的滤纸。

第五步　舀取咖啡粉

估量并舀取适量研磨后的咖啡粉到滤纸上。想要较为清淡的口味？那么每 175 毫升水添加 1 ~ 1.5 汤勺的研磨咖啡粉。期望更醇厚的味道？那么每 175 毫升水里添加 2 ~ 2.5 汤勺的研磨咖啡粉。

第六步　开始煮咖啡

在滤网下方放置空的咖啡壶，就可以开始烹煮了。

第七步　享用

烹煮完成！现在你可以倒上一杯热腾腾的咖啡，尽情享用其中的咖啡因精华了。

了解更多

咖啡豆，应该放在密封、不透光的容器中，常温保存。如果想每次都喝到新鲜的热咖啡，至少在开袋后一周内煮完。

如何从头开始做煎饼

你需要的是：
- 配料
- 量杯
- 量匙
- 搅拌用大钵
- 搅拌匙
- 平底锅或煎饼专用锅
- 平板刮铲
- 炉灶面

花费时间：
- 15分钟

是做煎饼还是做成男士专享煎饼，任你选择。要知道，任何男人都能吃得下三个正常大小的煎饼。你可以试着把三个烙饼变成一个有整个餐盘大小的男士煎饼。男士煎饼可达30厘米宽。搭配黄油、糖浆、水果、培根等配料，双层的男士煎饼往往让人十分有食欲。

第一步　准备配料

3杯通用面粉、3大勺白糖、3茶匙泡打粉、1.5茶匙小苏打、3/4茶匙盐、3杯白脱牛奶、半杯牛奶、3个鸡蛋、1/3杯融化的黄油，这些配料可以制作18个直径15厘米的煎饼或6个男士煎饼。

第二步　加入干性配料

在搅拌钵中加入面粉、糖、烘焙粉、烘焙苏打和盐。

第三步　加入湿性配料

再加入脱脂牛奶、牛奶、鸡蛋、融化的黄油，然后搅拌，直到面糊平滑而没有结块。

第四步　搅拌配料

把干性配料和湿性配料搅拌均匀，直到黄油完全融进干性配料中。

第五步　静置面糊

将面糊静置五分钟，然后倒出。

第六步　预热平底锅/煎饼专用锅

将锅放在火上，中火加热。当锅嘶嘶作响时，就算预热好了。

第七步　烹调煎饼/男士煎饼

锅底刷上薄薄一层黄油或食用油，将面糊倒入锅底。当饼上产生气泡并发出砰砰声时，用平板刮铲翻饼，煎另一面。

聪明男人知道的那些事

"不要做廉价的男士煎饼。要使用脱脂牛奶、混合面的面包，然后让面糊静置五分钟再倒出烹制。"

——乔纳森

怎样炒鸡蛋

你需要的是：
- 新鲜鸡蛋
- 烹调锅、烹饪锅
- 搅拌钵
- 搅拌器或餐叉
- （调和、涂抹用）抹刀、刮铲

花费时间：
- 5分钟

简单至上。最简单的早餐之一就是炒鸡蛋。简单炒后再辅以少许盐和胡椒粉，早上就可以轻轻松松地享用蛋白质了，多么美好啊。如果再来点吐司和果汁，那真是营养又美味啊。

第一步 磕开鸡蛋

磕破鸡蛋，将蛋液倒入搅拌钵。可以按每人两个鸡蛋的分量做。

第二步 炒鸡蛋

用搅拌器或餐叉搅拌蛋液，直到变得柔滑。

第三步 加热平底锅

将平底锅放在火上，中火预热。

第四步 炒鸡蛋

锅底刷上薄薄一层黄油或食用油。将蛋液倒入平底锅内。用刮铲轻轻翻动蛋液，直至凝固。

第五步 **开吃**

将炒好的鸡蛋盛入餐盘中，依照个人口味加入适量盐和胡椒粉调味，然后开吃。

你知道吗?

鸡蛋被人类作为早餐食用已有数千年历史。

东印度历史学家认为，早在公元前3200年，母鸡就被养来生蛋了。

讲真，他们这可不是在开玩笑。

第9章 食品与烹饪 | 193

怎么做培根

> 如果绿色蔬菜闻起来能像培根那么美味，人类的预期寿命将会大大延长。
>
> ——道格·拉尔森，1924 年奥运会金牌得主

你需要的是：
- 未经加工的生培根
- 煎锅、长柄平底锅
- 烹饪钳
- 纸巾

花费时间：
- 10分钟

任何食物都可以和培根搭配在一起哦——往任何食物里加入培根，都会变得更好吃。

想要证据？很简单。如果一道菜已经让你欲罢不能了，再添加什么可以让它更好吃呢？来点培根吧。比如说……比一个汉堡更好吃的是？一个牛肉培根汉堡。比干酪通心粉更赞的呢？加了培根粒的干酪通心粉。有吃过培根冰激凌吗？相当值得一试！

第一步　预热平底锅

煎锅放火上，中火预热。不要用高火煎制培根。培根燃烧起来可能会令你的厨房遭遇油火。

第二步　放入培根条

把培根条整齐地码放在平底锅中。

第三步　洗手

接触生肉块后务必清洗双手。

第四步　翻转培根条

用烹饪钳翻培根条，让两面煎成一样的颜色。

第五步　依个人口味烹调

一些人喜欢吃酥脆的培根，也有人更青睐有嚼劲的培根。眼前这些可是你自己要吃的，所以，还须由你来决定口味。

第六步　沥出多余油脂

将煎过的培根夹到纸巾上。多铺几层纸巾，多余的油脂会慢慢被纸巾吸收掉。

第七步　享用你的培根

可以开启享用模式了。唔……培根，简直太好吃了。

了解更多

不要将用过的油倒入下水道中，否则油会凝固并可能堵塞管道。

最好把控出的油放在平底锅中自然冷却，然后单独放入废旧容器中，扔垃圾的时候顺带扔掉。

怎样煮意大利面

你需要的是：
- 大锅
- 滤锅或漏勺
- 水
- 意大利面
- 盐
- 计量勺
- 大汤勺
- 煤气灶

花费时间：
- 15分钟

你喜欢意大利面吧？笑话，谁会不喜欢吃意大利面呢？世界级"大胃王"小林尊显然就很喜欢，要知道，他保持了吉尼斯世界纪录，在45秒内吞食了一碗113克的意大利细面条。

你认为你可以吃得更多？那么，试试吃掉6吨意大利面怎么样？位于加州加登格罗夫的意大利式连锁餐厅Buca di Beppo的主厨们，曾经将一个15立方米的泳池当成超级大碗烧制出了长面条。考虑到美国每年要消耗272 155吨意面，这么大的分量是合理的。平均下来，每个美国人一年要吃掉约6.4千克意大利面，听起来可能很疯狂，然而这世上对意面最执着的还是意大利人，每年每个意大利人要消耗约26千克意大利面。

第一步　烧开水

往大锅里倒入3/4的水，烧开。（盖上盖子可以令水煮沸得更快）

第二步　加盐

根据情况向沸水中倒入 1 汤匙左右的盐。

第三步　判断食用分量

绝大多数意面都会在煮熟后变多。也就是说，一杯生的意面能煮出两杯意面，一把意式细面在上餐桌时会变成两把。

第四步　加入意大利面

慢慢将意大利面下入沸水中，不盖盖子。大多数意面需要煮 8 ~ 12 分钟才能熟。建议参考包装上的说明。

第五步　搅拌

如果刚开始放入意面时不加以搅动，面条将不可避免地粘连在一起。

第六步　注意火候

当锅里的水开始沸腾，将煤气关掉。

第七步　尝味

从锅中捞取一根意面，稍稍冷却，然后尝尝味道。煮熟的意面柔软而富有韧性，被称为 al dente（意大利语，意为通心粉或蔬菜煮得不太软，尤指面点"有嚼劲"）。此时意面应通体呈不透明的奶油色。

第八步　沥水

在水槽里放置一口滤锅，倒入面条。记得，水和蒸汽目前还是滚烫的，因此，一定要小心，不要被溅到烫伤。

轻摇滤锅，将多余水分从意面中滤出，而后不要再冲洗面条。包裹在外的淀粉自然而然会为意面增添风味，也将有助于调味汁的黏稠。

了解更多

所谓滤锅，是一种布满孔洞的碗状厨房用具。它的孔洞适用于沥干食物中的水分——这其中就包括了意面。

如何制作土豆泥

你需要的是:
- 土豆,也就是马铃薯
- 烹调锅
- 漏勺
- 蔬果削皮器
- 刀具
- 马铃薯捣碎机或搅拌机
- 计时器
- 黄油(2～6汤匙)
- 牛奶(1/2～3/4杯)
- 依个人口味添加适量盐和胡椒粉

花费时间:
- 35～45分钟

土豆泥是许多欧洲人餐桌上的主食,在爱尔兰和波兰尤其如此。但你知道土豆原产于北美吗?确实是,这种块茎类淀粉作物直到1526年才被引入欧洲。富含碳水化合物,可以生长在不同的气候中;可以煮、烤、炒或是搅碎成泥,成为全世界公认的精选配菜菜式。如果要给土豆打分,那么在记分之前让我们再来关注一组数据:美国人平均每人每年都要吃掉64千克左右的土豆。

第一步　准备土豆

土豆洗净后,用蔬果削皮器去皮。如有必要,可以挖掉土豆上的小芽。

第二步　将土豆切开

将每个土豆切成4～6块,放入锅内。向锅中倒入足够的水,水要完全没过这些土豆。

第三步　慢炖土豆

水烧开，而后调至小火乃至更低。文火慢炖 15～20 分钟。

第四步　沥干土豆

如果叉子可以轻松刺穿土豆，就表明炖好了，可以用漏勺沥出水分了。

第五步　添加其他作料

将土豆放回最初的锅中。依照你的个人口味，加入牛奶、黄油、盐、胡椒粉等。

第六步　捣碎

使用马铃薯捣碎机或搅拌机捣碎土豆，直到出现奶油状、柔滑无结块。

第七步　上桌享用

唔……尽情享用吧。

你知道吗？

英格兰北安普敦的一个园艺家彼得·格莱斯布鲁克（Peter Glazebrook）曾经种植出一枚巨型马铃薯。重达3.8千克，打破了之前3.6千克的世界纪录。

如何用烤箱烤制鸡肉

你需要的是:
- 鸡肉
- 平底焙锅或烤盘
- 植物油
- 依个人口味添加适量的盐和胡椒粉
- 酱料刷
- 铝箔
- 肉类温度计

花费时间:
- 大约一个半小时

把鸡肉放在常温环境中。天气条件不允许户外烧烤时,干脆打开烤箱把鸡肉放进去好了。味道调得好,鸡肉也是一顿美餐,同样适合招待朋友、家人,或是你想要邀请来家吃顿便饭的年轻女士。

第一步　准备鸡肉

确保鸡肉已经完全解冻。清除并丢弃内腔中的内脏、杂碎,然后冲洗干净,用厨房纸巾把水分吸干。把鸡放在平底焙锅或烤盘上,然后刷上融化的黄油或植物油,撒上盐和胡椒粉调味。用铝箔包住整个肉块。清洗双手,防止细菌传播。

第二步　把烤箱预热至200℃

将烤箱温度设置到200℃,慢慢预热。

第三步　烤制鸡肉

把鸡肉放进烤箱,烤约1小时。如果你的鸡重1.5千克,每多出500

克，增加 10 分钟的烘烤时间。提前 20 分钟左右时，去除铝箔，继续烘烤鸡肉，直至表皮呈棕色。将肉类温度计插入鸡大腿最厚实的部分。当温度到达 74℃左右时，鸡肉就烤好了，此时汁液也会变干。

第四步 静置

一旦鸡肉温度达到适当温度，就要将烤鸡从烤箱内移出，并将其静置 10 分钟。这将允许酱汁重新分配，被鸡肉吸收。

第五步 清理

静置烤鸡的同时，清理厨房并清洗你的双手。

第六步 切开盛盘

等鸡肉凉得差不多了，把烤鸡切好盛盘。如有吃剩的，需要立即冷藏。

事实还是谣传？

通常的鸡块是由高品质的、白色的鸡肉制成的？

谣传。

事实上，机械分离出的"粉红色家禽肉浆"才是大多数加工鸡块的原材料。我们吃的加工过的鸡肉制品，通常包括脂肪、软骨、器官和血液，然后混入人工添加剂，通过模塑造型成一口大小的块状，加入面粉，然后配上一份炸土豆条。

真该感谢蘸酱……对吗？

如何用烤箱烤制牛排

> **你需要的是:**
> - 牛排
> - 烤炉或烤箱
> - 烤肉锅
> - 炉灶锅
> - 橄榄油
> - 牛排调味料
>
> **花费时间:**
> - 5～15分钟烹饪时间

不能烧烤！怎么办？也没问题。在家里用烤箱烤牛肉就好。是的,烤箱也能打造出完美的肉品。温度恒定,什么时候都可以烤,简直太完美了,再也不用担心无法炭火烧烤了。

第一步　准备牛排

确保你的牛排没有冻结。将调味料均匀撒在牛排两面,在室温下静置15分钟。

第二步　保持干净

为了避免交叉污染,切勿将煮熟的肉（或家禽或海鲜）放置在生肉上。处理过生肉后,务必清洗双手,尤其是在紧接着打理其他食物之前。用具、器皿也是一样。

第三步　准备烤箱

如果是电烤箱,将顶层烧烤架调至距离加热单元约15厘米处。如是燃气烤箱,烘烤机通常位于单独的下拉门内,一般是在烤箱下方。把烤箱设置到"烘烤"模式,将烤肉锅放入预热。

第四步　轻煎牛排

将一茶匙橄榄油倒入平底锅，开火，慢慢加热至预定温度。平底锅加热后，将牛排的每一面轻煎60~90秒。

第五步　炙烤牛排

将预热过的烤肉锅从烤箱里拿出，把牛排放在烤肉锅中央。烘烤牛排的两面。3~4分钟煎至一分熟，5~6分钟至半熟，7~8分钟可至全熟。

第六步　静置后享用

将牛排从烤箱中拿出后，静置5分钟稍加冷却，然后再行切割。这样酱汁会再次渗进牛排。现在，就可以品尝你的牛排了。

你知道吗?

烘烤机的温度有两种：热和冷。换种说法也就是，"开"和"关"。如果你不想把食物烤得太焦，就应把烤架放低点。

烹调肉类的技巧

你想要烤几分熟？准备牛肉或羊肉时，根据自己的想法来做选择。毕竟，有些人喜欢带着血丝的，而有些人则偏好熟透的，就算被误认为是烧焦的黑色冰球也无所谓。从近乎生肉到几近石化，摆在你面前的选择余地就如同人们的口味一般宽泛。

带血生肉（Blue Rare）——表皮稍焦，肉心是冷的并呈血红色。

一分熟（Rare）——仅表皮烤成灰褐色，中心冷且红。

三分熟（Medium Rare）——肉里温热，但仍呈红色。

五分熟（Medium）——肉里粉红色，生熟程度适中。

七分熟（Medium Well）——肉里还有少量粉红色。

全熟（Well Done）——肉里完全呈灰棕色。

已经烧好了吗？

内部温度可以用来判断肉块烹煮或者说"烧好"的程度。以摄氏温度计量，内部温度越低则肉块越生；内部温度越高，则端上餐桌时熟得越透。同时要记住，大部分肉块在离开烤炉后仍将上升 3℃~5℃。另外，家禽和猪肉上桌时，处于或高于其"烧好"的温度才好。否则，因食用夹生肉而生病绝对是得不偿失的——恐怕一辈子你都不想吃肉而改吃素了。

牛肉

带血生肉（低于49℃）

一分熟（49℃~51℃）

三分熟（51℃~57℃）

五分熟（57℃~63℃）

七分熟（63℃~68℃）

全熟（68℃及以上）

家禽类

鸡肉（74℃~79℃）

火鸡（74℃~79℃）

猪肉

（66℃及以上）

羊肉

一分熟（57℃~60℃）

三分熟（60℃~66℃）

五分熟（71℃~74℃）

七分熟（74℃及以上）

木炭烧烤架怎么点火

你需要的是：
- 野外烧烤架
- 木炭
- 打火机油
- 火柴或长颈打火机

花费时间：
- 5分钟

男人对烧烤的热爱，好像是天生的。烧烤，就像是把自己的 DNA 放回原始社会，在那里，男人们仿佛回到祖先们围坐着的火堆旁，火呼呼燃烧着，人们兴高采烈地拿着捕猎归来的战利品烤着。可能这就是关于烧烤的事实也说不定，既解释了烧烤的香味为什么可以从数千米之外闻到，又说明了为什么对于一个男人而言，烧烤总是让人流口水。不管是什么原因，总而言之，烧烤大师绝对受人尊敬。而我们，则可以从如何将木炭烧成完美的琥珀色开始学起。

第一步　打开通风口

打开烧烤架下的通风口。

第二步　拆下顶部格栅

移除烹饪格栅。

第三步　堆起木炭

在底部格栅上按金字塔形状，折叠码放起 15 厘米高、25 厘米宽的炭堆。

第四步　在"金字塔"上泼洒打火机油

然后洒半杯左右的打火机油，泼洒要均匀。

第五步　静置，让打火机油吸收

静置 1 分钟后，确保均匀燃烧，避免爆炸性瞬间点燃的危险。

第六步　点燃木炭金字塔

从堆垛的基底点燃木炭，注意身体要远离炭堆。小小的火焰将沿着"金字塔"上移，同时"金字塔"开始由内部出现烟雾。

第七步　让木炭不受干扰地燃烧

10 ~ 15 分钟后，炭堆变成白色或灰色，而炭堆中心发红发热。

第八步　布置热木炭

使用长把的金属工具，把热木炭均匀地铺设在底层格栅上。

第九步　将烹饪烤架归于原位

在把食物放到烤架上之前，先对烤架进行加热。

第十步　烤食物

牛肉、鸡肉、猪肉、鱼类，甚至蔬菜都可以。随你选择。

了解更多

警告！

永远、永远不要向燃起的火焰喷洒打火机油。

火焰可能随着喷洒的方向而游走，点燃瓶体，甚至导致危及生命的严重后果。

如何用烤架烤制牛排

你需要的是：
- 精选牛排
- 经过预热的烤架
- 长柄烧烤器具、烧烤钳或叉子
- 橄榄油
- 牛排调味料

花费时间：
- 6~20分钟

并不是非得去昂贵的餐馆才能享受到美味的牛排，掌握一些用烤肉架烧烤的基本知识并选取适当的牛肉切块，你也可以赢得最佳牛排烧烤大师的良好口碑。

第一步 把牛排从冰箱中取出

提前20分钟将牛排放在盘子上，盖上盖子，在室温下静置。

第二步 依个人口味调味

两面都刷上橄榄油，并依照个人口味撒香料调味。单纯将盐和胡椒粉搭配在一起也是不错的选择。

第三步 轻煎表皮

使用烧烤器具，将牛排置于烤架温度最高处。轻煎牛排2~4分钟，一次一边，直到牛排呈现出金褐色至轻微烧焦状。于是轻煎过的牛排现在正式到一分熟了。

第四步　烹煮牛排内里

将牛排移至烤架上稍冷的区域，每面烤制 3 ~ 5 分钟 = 三分熟（内部温度 57℃）；5 ~ 7 分钟 = 五分熟（内部温度 60℃）；7 ~ 10 分钟 = 七分熟（66℃）。

第五步　享用

从烤架上取走牛排，静置几分钟后，准备吃牛排。

聪明男人知道的那些事

"无须准备什么牛排酱，优质的新鲜肉块只需要盐和胡椒粉。"
——克里斯·里昂，南卡罗来纳州野外烧烤协会

了解你选择的牛肉

并不是所有牛排都"生而平等"。购买牛排前，你需要对即将入口的食物有所了解。选取肉块的不同，直接决定了你吃到的牛排是溶于口齿的美味，还是咀嚼起来就像皮革般令人难以下咽。

牛里脊肉，腰部嫩肉——也就是所谓的菲力牛排（法语：Filet Mignon），这种牛排切块通常被认为是"特殊场合"专供的牛排。因为它取自牛身上不怎么运动的部位，但肉质鲜嫩，适当烹饪后一把餐叉就可以轻松切开。

金钱花费——$$$
鲜嫩程度——非常
大理石纹路明显程度——低
风味度——中等

牛前腰脊肉（Strip Steak）——也称为"纽约客"或"堪萨斯牛排"。适合在任意场合进行烧烤的牛排切块。通常这种

牛排的一侧有1.3厘米厚的脂肪；取自运动量稍多的部位，因此肉质较紧实。烧烤时剪成条状可以使大理石油花的风味烹饪进肉，令肥瘦肉适宜，吃起来风味十足。

　　金钱花费——$$$
　　鲜嫩程度——非常
　　大理石纹路明显程度——高
　　风味度——完全
　　牛小排（Rib Eye）——取自牛肋中心部分，牛小排是广受好评的一种牛排切块。烹调得当的牛小排柔嫩多汁，咬上一口都好像要溶于口齿间。

　　金钱花费——$$$
　　鲜嫩程度——非常
　　大理石纹路明显程度——高
　　风味度——中等
　　丁骨牛排／红屋牛排（T-Bone／Porterhouse）——这是真正合二为一的牛排。取自牛前腰脊部位，T状骨头的两边分别是一块菲力牛排和一块纽约客牛排。要记住的是这块骨头将影响牛肉的烹饪方式。靠近骨头的部分总是烹制得更慢些，这意味着，这一牛排切块可以按照骨头周边一分到三分熟而边缘部分将近全熟的模式来烹饪。

　　金钱花费——$$$
　　鲜嫩程度——非常
　　大理石纹路明显程度——菲力牛排的一边为低；纽约客牛排的一边为高
　　风味度——中等至完全
　　后腰脊肉，沙朗牛排（Sirloin）——这类牛排切块不是烧烤的良好选择。因为沙朗牛排取自后腰脊柱两侧的后腰脊肉，靠

近腿部运动肌肉，较有嚼劲。适合作为炖好的肉切片或切成肉块，和蔬菜一起烹煮成为烤肉串。

  金钱花费——$$

  鲜嫩程度——低

  大理石纹路明显程度——瘦肉

  风味度——中等

  三角肉，底部牛腩（Tri Tip）——需要先进行调味或者腌制，这类牛肉切块最好是用低温烹饪很长一段时间。一般可以照着肉块的纹理横切成薄片进行烹饪和食用。

  金钱花费——$$

  鲜嫩程度——低

  大理石纹路明显程度——瘦肉

  风味度——完全

  侧腹，后腹肉排（Flank）——取自牛下腹肌肉中非常强健、充分运动的部分。这使得肉质较老，最适宜照着纹理横切成薄片再上桌。用辛香料调味或腌制过夜有助于顺利切割。

  金钱花费——$

  鲜嫩程度——低

  大理石纹路明显程度——瘦肉

  风味度——中等

  横膈膜肉（Skirt）——来自牛的下部胸。位于肋部下方、后腹上方的横膈膜肉排呈扁长形，以其风味见长，而非鲜嫩程度。最好的处理办法是照纹理横切成薄片再上桌。

  金钱花费——$

  鲜嫩程度——低

  大理石纹路明显程度——瘦肉

  风味度——完全

如何用烤架烤制猪排

你需要的是：
- 烧烤架
- 猪排
- 烧烤钳
- 铝箔
- 餐盘
- 肉类温度计

花费时间：
- 20~30分钟

猪肉是世间最常见的食用肉类之一，也被称为"白肉"。猪的圈养历史可以追溯到公元前5000年。肉质软嫩美味的猪排是任何季节均可食用的佳肴，但你必须注意你吃了多少。食用过多猪肉，罹患心脏疾病的风险将大幅度增加。

当然，猪心脏瓣膜现今已被用于替代受损的人类心脏瓣膜，成也猪肉败也猪肉，也许因猪肉毁坏的心脏最后也能同样由猪肉来修复？

第一步　在烤架下生火

烤架加热至适中或偏热。当烤架在预热时，把猪排静置在室温状态，以保证等会儿能烹制均匀。

第二步　将猪排放到烤架上

使用烧烤钳，将猪排夹到烤架上，然后关上盖子。

第三步　旋转45度

对于一般的猪排，烤制2分钟后用烤钳将它们旋转45度。

关上盖子烤制2分钟。对于较厚的排骨，每面可以适当多烤几分钟。

第四步　**翻面**

使用烧烤钳将猪排翻面。重复第三步。猪排总共需要烤制8~9分钟。内部温度需要到达至少65℃。

第五步　**将猪排静置**

将猪排从烤架上移除，放在餐盘里。用铝箔覆盖，在上桌前静置5分钟。

你知道吗？

英语习语"汗流浃背（sweating like a pig）"虽然字面上是"如猪般挥汗"的意思，却和流汗的猪没有任何关系。毕竟，猪的汗腺不发达，并不能通过出汗来散发热量。这里所谓的"出汗"，实际上是指生铁（pig iron）——猪不怎么会出汗，但发热的金属会。

生铁是由铁矿石制成，金属被加热至极高的温度，然后浇注到模具中。直至液体金属完全冷却以前，它都不能安全地被移动。那么，熔炼工如何判断金属足够冷却，可以使用了呢？答案是，当生铁"出汗"时——当熔融的金属冷却，其周围的空气会达到露点温度，从而使金属表面形成液滴。

如何用烤架烤制排骨

你需要的是：

- 排骨
- 野外烧烤架
- 餐盘
- 刀具
- 烤肉酱
- 依个人口味加入各种香料、调味料
- 肉类温度计
- 酱料（涂抹）刷
- 烧烤钳
- （可选）山核桃木或牧豆树的木片

花费时间：

- 大约2小时

国家烧烤协会正式将五月份设为野外烧烤月。不是真的吧？不，这是真的。为了点燃夏天烧烤季的热情，还有几件会让你食指大动的美味趣事，男士们可以围在烤架边对此侃侃而谈。

1. 每天有超过25万张湿巾被用作擦拭手指和脸上的烧烤酱。
2. 最早的烧烤酱可以追溯到数百年前，用醋和辣椒配制而成。
3. 林登·贝恩斯·约翰逊，第三十六任美国总统。他在白宫举办了第一次烧烤大会，以供应德州烤排骨为特色。

纵情聊天，纵情烧烤，当然最重要的是纵情享用这些美味的烤排骨。甜酸苦辣或是怪味椒盐，无论加什么调味料，终有一个不变的真相。那就是，烤架上那一架子的排骨对于每个肉食主义者而言，都是美梦成真。

第一步　准备排骨

把排骨反复用清水冲洗干净，码放在餐盘中，撒上调味料，用手抓匀。

第二步　放进冰箱静置

将排骨放入冰箱中静置一小时。

第三步　准备烤架

将烤箱调成中温模式预热。

第四步　烤制排骨

预热好后,将排骨放入烤箱。每一面烤 15 ~ 20 分钟。记得,排骨需要达到 82℃内部温度才算完全烤熟。

第五步　刷上酱汁调味料

将酱料抹遍排骨,继续烤 10 分钟,使酱汁渗入肉里。

第六步　装盘上桌

一旦排骨内部温度达到 82℃,就可以切割并享用了。

> **你知道吗?**
>
> 给排骨添加烟熏风味并不是那么困难。首先,将一把山核桃木或牧豆树的木片放入水中浸泡十分钟。接着,把木片沥干,放置在热木炭旁边的锡箔纸托盘里。等到木片开始冒烟,再开始烤制排骨就行了。

如何用烤架烤全鸡

你需要的是：
- 全鸡
- 油
- 依个人口味，添加适量的盐和胡椒粉
- 烧烤架
- 烤肉钳
- 肉类温度计

花费时间：
- 40~60分钟

评价其他品种的肉类时，人们常会宣称它们吃起来像鸡肉。这实在是很奇怪的论调。你有听谁说过他晚饭里的鸡肉味道像鳄鱼或者像兔子吗？从来没有。所以真相很可能正好相反，正是因为鸡肉受欢迎程度极高，才会被拿来做比较。人们只是忘记了，鸡肉吃起来真的很像……嗯，鸡肉。

根据美国农业部的数据，每个美国人每年要消费掉超过25千克的鸡肉——不管是鸡胸、鸡腿、鸡翅还是鸡块。各种令人食欲大振的好味道，是不是？想让你的下一顿鸡肉值得纪念、难以忘怀吗？那就忘掉鸡肉三明治这回事，来试着自己烤全鸡吧。

第一步　准备全鸡

将鸡从包装袋中拿出，冲洗，然后用纸巾擦干。

重要的事：手伸进胸腔并去除所有藏在里面的"零件"。快速处理掉鸡的心脏、肝脏和颈部等腔内组织，这些部位"得来无用，弃之也不可惜"。

第二步　准备烤架

将烤箱设置成中温模式。

第三步　烤制全鸡

将整只鸡背面朝下放置在烤架上。关上烤箱门，烤制 25 分钟。

第四步　翻转鸡身

用烧烤钳将鸡翻转个面，关上门，继续烤制 20 到 30 分钟。

第五步　量温度

将肉类温度计插入鸡大腿最厚实的部分。当汁液变干净并且温度读数到达 74℃时，鸡肉就烤好了。

第六步　静置烤鸡

当鸡肉达到预定温度，将烤全鸡从烤架上移至盘中。将烤鸡静置五分钟，使酱汁充分溶于鸡肉。

第七步　清理

当你的烤鸡静置时，清理烤架。

事实还是谣传？

鸡肉烤不熟会让你生病？

事实。

据报道每年光美国就有大约40000例沙门氏菌感染（食品中毒）。而生鲜或没烧熟的鸡肉往往可能导致感染沙门氏菌。症状一般包括感染后12至72小时内出现腹泻、发烧和腹部绞痛等症状。而后，大多数人不治自愈。

如何用烤架烤鱼

你需要的是：
- 鱼
- 烤架
- 刀具
- 不粘底喷雾
- 餐叉

花费时间：
- 15～20分钟

是时候烤些鱼了。烹制得当的熟食中，烤鱼无疑是极好的。烤鱼富含 $\omega-3$ 和维生素 D 和 B_7 等各种营养成分，甚至吃晚餐时如果来点烤鱼可以让整顿饭的脂肪减少，心脏更受益。添上一碗米饭和一些新鲜的蔬菜水果，只需短短 20 分钟你就可以享用到健康美味的一餐了。

第一步 准备鱼

如果是鲜鱼，可以切片并去除掉所有骨头。如果是鱼片，则需要确保没有被冻住。

第二步 准备烤架

如需要（参见第三步），在点火前用不粘底喷雾喷洒烤架。现在，将烤架加热至中高温即可。

第三步 烤鱼

如果使用的是鲜鱼，则鱼皮朝下放在烤架上烤。如果使用的不是新鲜的鱼，则需要用不粘底喷雾喷洒烤架，防止鱼肉粘在格栅上。

第四步　依照个人喜好调味

在鱼肉面撒上新鲜香草等作料，或按照个人喜好进行个性化调味。

第五步　烤制直到烤熟

约 8 分钟后，用餐叉戳鱼肉最厚处，看是否已经完全烤熟。如果鱼肉已经成了内部也不透明的薄片，就算完工了。

第六步　移入餐盘上桌

当鱼肉达到 63℃，将其从烤架上移入餐盘。而后就可以立即上桌了。

> **了解更多**
>
> 带皮烤制鱼肉可以增加风味，还可以避免烧焦。
> 如果想要摆盘和享用起来更容易，你也可以选择在烤完后去除鱼皮。

如何磨菜刀

你需要的是：	花费时间：
·刀具	·1~5分钟
·磨刀石	
·矿物油	

刀具锋利，其实可以替你省心不少。锋利的刀口不仅省时省力，还能有效避免着急切东西就是切不动引发的各种挫败、麻烦，以及痛苦。比如钝掉的钢刃死活都切不动面包，却能轻易在手指上划开口子，啊，多么痛的领悟……你实在需要每个月花上那么几分钟精心磨砺你的厨刀们，让自己"幸免于难"。干净利索地把食物切成薄片或小块，会让食物看起来干净利落。如果你不小心切了手，血什么的滴在了食物上，估计这顿饭怎么吃都会感觉不是个滋味。

第一步　准备磨刀石

粗磨石用来开锋。在磨刀石的糙面上，滴点矿物油，让其布满整个磨刀石。

第二步　调整合适的磨刀角度

握住刀具，使刀子和磨刀石之间呈 10~20 度。

第三步　粗磨一侧刀锋

把刀具横放在磨刀石上，刀锋面向磨刀石，抬起选定的所需角度。保持该角度并拖动——刀刃优先——沿着磨刀石从头到尾摩擦，力道适中；磨刀石固定位置不动，移动刀具。每侧重复 6 ~ 12 次。

第四步　粗磨另一侧刀锋

将刀具翻面，打磨刀锋的另一侧。重复摩擦动作。

第五步　用细目磨刀石重复打磨

翻转磨刀石，用细目磨刀石重复、交替打磨刀锋两侧。我们的目标是把开锋时形成的毛边磨平或磨去，确保整个刀刃足够平滑流畅。

> **聪明男人知道的那些事**
>
> "只有懒汉才用钝刀。"
>
> ——罗杰·斯滕斯兰德（作者乔纳森的祖父）

第10章

工具与修理

每个男人都需要掌握一些修理知识，采买几件经久耐用的设备，拥有一双工匠般追求品质的眼睛，熟练使用各种工具，具备所需的技能。

每个男人都需要掌握一些修理知识，采买几件经久耐用的设备，拥有一双工匠般追求品质的眼睛，熟练使用各种工具，具备所需的技能。

要想快速学习如何使用工具，最好寻求优秀的专业人士帮助。奈德·沃尔夫就是这样一个专家。为什么呢？也许你会这样问。好吧，让我来告诉你答案，奈德任职于欧文工业工具公司，这是一个全球领先的手工及电力设备制造商和经销商。奈德在这家公司担任产品培训经理多年，办公室里到处是专业好用的工具和工具配件，很难说这到底是办公室？车间？还是男性梦寐以求的幻想乡？哪怕最坚韧不拔的钢铁工人、最神圣圣洁的木匠也会赞叹：奈德的工作空间，实属真工匠的终极工作／玩乐场所。

奈德在行业内非常专业，这使得他相当抢手，每分钟都很宝贵，但他在培训行业精英的同时也期待与更多人分享他的天赋和才华，尤其是那些刚学会收集工具的新手们。关于工具，他最好的建议是——

"把修理变成乐趣。"

当一个人了解工具，知道如何使用并且拥有工具，动手就会变得充满乐趣。

我曾经拿工具当游戏来玩。如今，我用工具来工作，工作却好像变成了我的游戏。我拥有这些工具，把它们当成自己的玩伴，和它们一起修理东西，甚至也会帮助他人修理东西。比如，谁家的汽车坏了我就会带着自己的工具玩伴一起去修理；谁家的房子出现了问题，我也会去帮忙修理。如果你懂得如何正确使用工具，修理就会像玩乐般轻松愉悦。拥有修理技能，其实是一件令人非常开心的事情。你可以借此帮自己赞赏的人修理东西，给他们留下一个好印象。你也可以凭借自己的修理技能，帮助他人做些善事。无论是出于工作需要，还是纯粹为了玩乐，抑或是为了修理东西，或者帮助他人，拥有工具并且知道如何正确地使用，都是一件非常有益且充满乐趣的事情。

沃尔夫先生并不认为每个人都应该将自己的车库塞得满满的——里面尽是各种工具和硬件设备。但他相信，你一定会发现收集工具的乐趣并知道如何使用它们，有朝一日总能派上用场。

以下是自己动手／自行安装项目爱好者们值得拥有并引以为豪的五十件

工具：

1. 活动扳手
2. 扫帚
3. C 型钳
4. 画线器
5. 滑动铰扁口鲤鱼钳
6. 凿子
7. 切割锯
8. 圆锯
9. 组合角尺
10. 撬棍
11. 钻孔机
12. 钻头，套钻
13. 管道胶带
14. 防尘口罩
15. 簸箕
16. 耳塞
17. 绝缘带
18. 延长线路
19. 手电筒
20. 平头螺丝刀
21. 锤子
22. 手锯
23. 内六角扳手
24. 线锯
25. 梯子，阶梯
26. 水平仪
27. 尖嘴钳
28. 开口扳手
29. 十字头螺丝刀
30. 管子钳，管板手
31. 柱塞（水槽专用、马桶专用）
32. 刮腻子刀
33. 往复锯
34. 防护镜
35. 砂磨块
36. 砂纸
37. 鲤鱼钳
38. 套筒扳手组
39. 角尺
40. 阶梯凳
41. 螺柱探测器
42. 台锯
43. 皮尺
44. 实用刀
45. 工具剪
46. 大力钳
47. 钢丝钳
48. 剥线钳
49. 木胶
50. 工作灯

第10章 工具与修理 | 225

怎样看卷尺上的刻度

拙劣的工匠埋怨他的工具，而无能的人却连工具都没有。

——罗杰·斯滕斯兰德，木匠

你需要的是：
· 可伸缩的钢卷尺

花费时间：
· 5秒

要注意：两次测试后再去切割材料。要知道，材料是花钱买的。如果有些材料比较昂贵，在切割之前，要多多测量，确定后再下手。

这是工匠们需要学习的第一课，他们也是在经历了多次失败（比如：费尽力气，却把木板切得比要求短），才得出的惨痛教训。精于测量，你将节省下不少时间和金钱，也会避免陷入被好友嘲弄的尴尬："把木板切得太短了呀，快，快拿接长木板工具把它接长呀！"

第一步 铺展卷尺

拉出端钩，然后把卷尺向前拉出几厘米。

第二步 锁定卷尺

按下自动复位开关，到锁定位置。

第三步 观察卷尺刻度值

卷尺测量的计数从左端的0刻度开始。刻度都会清晰地用醒目粗体字印刻在卷尺上，并以一条贯穿整条卷尺表面的直线标记出来。

第四步　测定毫米刻度值

观察卷尺最细小的刻度线，两个刻度线之间的距离就是 1 毫米。

第五步　测定半厘米刻度值

卷尺上 5 个最细小的刻度线的距离就是 5 毫米，也就是半厘米，半厘米的刻度线会比毫米的刻度线稍长一些。

第六步　测定厘米刻度值

卷尺上 10 个最细小的刻度线的距离就是 1 厘米，厘米的刻度线比半厘米的刻度线还要长些。

第七步　回缩卷尺

释放自动复位开关，收回原本被固定的卷尺。

> **了解更多**
>
> 国外许多卷尺都在每16英寸（40.64厘米）处有相应标记。这是（美标）房屋架构下墙柱之间应有的距离。

如何挥锤敲钉子

一个工人可以成为锤子的主人，但这不妨碍锤子占据主导。作为一件工具，锤子更清楚知晓它该怎样被使用，而其使用者却只是掌握了大概。

——米兰·昆德拉，《笑忘书》

你需要的是：
- 锤子
- 钉子
- 木板

花费时间：
- 3秒

第一步 握住锤子

紧握锤柄末端。要牢牢握住锤子把手即锤柄，不能让锤子从你手上滑脱。

第二步 瞄准

对准你需要敲击的位置。挥锤的同时双眼聚焦于钉帽。

第三步 挥锤

锁定手腕位置，用胳膊和肘部的延伸力量挥动锤子，直接敲击钉帽。

小贴士：如果钉子被钉弯了，需要将钉子拔出，并重新开始。适当的敲击要求钉帽和锤头齐平，接触点不存在任何角度。

第四步　钉牢

举起锤子继续敲打，直到把钉子钉到预定的深度。

> **你知道吗?**
>
> 羊角锤还分为两种哟。一种是钩状的起钉羊角锤，适合拔钉子；还有一种直锯状的直角羊角锤，常用于撬开或锯下木板和钉子。

如何使用圆锯进行切割

你需要的是：

- 圆锯
- 待切割木材
- 测量卷尺
- 铅笔
- 直尺（规）
- 切削表面
- 护目镜
- 耳塞

花费时间：

- 1~3分钟
（取决于几个因素：你在切割的是什么？你的圆锯刀片够锋利吗？）

设计师、承包商、前TLC交易空间和A&E训练团队主办者布兰登·罗素如此阐述圆锯的使用法则：

当使用圆锯切割时，了解锯片的旋转方向很重要。大部分圆锯适合快速框架切割或者锯木板和胶合板，这种圆锯会以逆时针旋转刀刃。这就意味着锯齿会从木板的下方切入，而后向上穿过木材。

如果切割时好的一面或者表面朝上，木板表面可能会开裂。如果想要平滑地切割木板表面，就需要翻面。先计算下，测量两次，在背面标记预计切割线，而后再将正面（木材较好的一面）朝下进行切割。这样，木板就可以顺利地切割，而不会切歪。

另外，还要记得：圆锯上的锯齿数量也对能否顺利精细切割起到至关重要的作用。老经验是，锯齿越多，越容易切割得平滑，但也需要切割时速度不能太快。所以说，要有耐心，慢慢来。

第一步　标记切割线

使用直尺、规和铅笔，测量并标记切割线。

第二步　准备木材

将木材放在一个水平面的表面，注意要使锯片在切割木材底部时不会触碰到其他材料。

第三步　始终把安全放在首位

戴上耳塞和护目镜。

第四步　准备切割

将圆锯前端放在要切割的工件上。锯片不得与工件有任何接触。将工具基座上的圆锯导轨对准工件上用铅笔标记的锯片切割轨迹。

第五步　进行切割

扣动圆锯上的扳机开关。启动圆锯并等待，至锯片达到全速运转时，开始在工件表面向前移动圆锯，使其平稳地保持前进，直至切割完成。以工具基座上的圆锯导轨沿着设定的路线行进，锯片边缘会按照铅笔标记的轨迹进行切割。

第六步　完成切割

继续推动运行中的圆锯，沿着你预先画下的切割线穿过工件。当你接近木板的最远侧以及你的切割终点时，需要确保你已经明确意识到切割下来的木片将要掉落到地上。

第七步　停止切割

手指松开圆锯的扳机，停止切割进程。换个位置握住圆锯，让锯片停止旋转。一旦圆锯完全停止工作，将其放到安全的位置。

聪明男人知道的那些事

"永远保持往前推进的状态,不要试图扭转或使圆锯倒回。否则,锯片的急速旋转会使圆锯快速往你的方向倾斜,这可能会导致你被圆锯划伤,甚至严重到得去急诊室。"

——埃里克·朗肖,佛罗里达雅芳公园总承包商

如何使用电钻

> 你需要的是：
> ·钻机
> ·钻头
>
> 花费时间：
> ·2~5分钟

给一个工匠配备上正确的工具，他就可以在任何东西上钻孔。大多数"周末战士"们只需要拥有普通的电钻，就能钻透木材、金属，乃至石头等等标准建筑材料。至于非常规的钻孔工程，则需有非常规的卓越技术，并且，还要一个真正的大型钻探设备以及相较于普通无线电钻更为有力的钻头（即钻针）。

2013年8月，石油工程师们创造了一项深井钻探的世界纪录：他们钻出了一个地壳深度12 345米的孔洞。往地下钻探深度超过11千米，看起来就像个无底洞，但距离地球的另一侧尚远。要想真正穿透地壳，至少需要一个能够承受地心热能和压力、钻头长约13 000千米的钻孔机器。如你感兴趣，或许可以去附近的五金店转转，看你能不能找得到？

第一步　在需要钻孔的点位上标上×标记

确定你想要在哪里钻孔，并且在确切点位上标记一个×。

第二步　检查周围

查看周边状况，旁边、下方、你打算钻孔的周围。问问自己："×标记后面或者下方，是否存在钻头可能会损伤到的东西？"找找看有没有管道、铁钉、电线什么的，并注意不要让操作台面、你的手或是朋友的手放在那附近。还有，坚决不要在操作时穿戴宽松的服饰或首饰，当你靠得太近了这些都可能会被卡住。

第三步　选取电钻钻头

根据需要钻透的工件材质，选取合适的钻头。不同的钻头是为钻透不同材质而设计的。查看钻头与工件材质的实例对照手册，可以了解到不同的钻头是针对何种材质而设计的。

第四步　牢固固定钻头

将选定的钻头装入钻机的末端，然后将无匙夹头拧紧。一些老式电钻以及许多大型工业用途的动力钻机则需要用到弹簧套筒夹头来进行固定。

第五步　开始钻孔

将电钻钻头的尖端齿棱放到与工件材料相接处，向钻头施加压力并慢慢扣动电钻的扳机。慢慢来，谨记，你正在加工的工件材质限定了合适的钻进速度。强行迫使电钻通过坚硬的材质将导致钻头磨损变钝，而且还可能灼伤工件材料。

第六步　转换方向

一旦成功地钻透了工件材料，就停止操作。如果钻头卡在工件材料中，则转换到相反方向继续。缓慢推动扳机，向后反转钻头使之钻透材料而出。

你知道吗?

电钻其实也可以当电动螺丝刀使用。给电钻安装上合适的钻头（可以去任意五金店选购），你就可以快速旋紧十字槽头螺钉或平头螺钉，或是反向旋开它们。只不过，切记要放慢节奏，慢慢来。毕竟，电钻的力量轻易就会超出允许扭矩，甚至拆断齿轮，令螺杆螺母的螺纹破损。

你还知道吗?

水完全可以在钢铁上穿出一个孔洞来。

用喷射类清洗用具，以超过1448千米/小时的速度，将高压水流束集中对准金属就能将其刺穿。用压力强度如此高的水去清洗马路，显然不合适。不过，要是用在机械加工修理车间，用以切割金属零部件，也许效果不错。

如何使用撬棍

> **你需要的是：**
> · 撬棍
> · 需要牵拉、撬动或切分的工件项目
>
> **花费时间：**
> · 1~60秒

身为历史长河中最简单、最古老而又最为坚韧的工具之一，撬棍至今在人类生活中占据着不可或缺的一席之地。不必怀疑，男士必备十大工具排行榜上，撬棍甚至还位列前茅。这可不是什么光凭力气不动脑子就可以运用得当的傻瓜工具，要想正确使用撬棍，其实很需要一些熟练的技巧以及小心的操作。然而一旦你能够恰当地运用杠杆作用，如愿地撬起钢铁制品，也就离轻松处理更为棘手的问题不远了。

第一步 戴上手套

不管打算用撬棍做什么，你都需要牢牢握住它。

第二步 起出钉子

用撬棍上大幅弯曲的那一头来起钉子。以撬棍的 V 字形凹口末端钩牢钉帽；利用杠杆作用，将撬棍沿绕其大幅弯曲面向前旋转滚动，起出钉子。

第三步 撬开分隔

如果是要将两块木材撬开一分为二，则选用撬棍上凿子扁平的那一头长端。将撬棍这一端尽可能插入两块木材中间。以撬棍轻微弯曲的凿子尖端为支点，利用杠杆作用把两块木块分隔撬开。继续推进撬棍直到探入你创造出的空隙中。重复进行撬动。

聪明男人知道的那些事

莎士比亚多次在他的文学作品中提到撬棍（crowbar）这一工具，其中就包括了著名的《罗密欧与朱丽叶》（第五幕，场景二）。

劳伦斯神父：
糟了！我的兄弟啊。
这封信不是等闲，
性质十分重要，把它耽误下来，
也许会引起极大的灾祸。约翰师弟，你快去。
给我找一柄铁锄（iron crow），马上去！
带到这儿来。

如何使用活动扳手

你需要的是：
- 活动扳手
- 需要转动的螺栓（bolt）或螺母（nut）

花费时间：
- 30秒~1分钟

归因于最初的制造商，活动扳手也被称为"月牙扳手"。说起来，活动扳手成为每位男士的工具箱中的重要组成部分，至今已有一个多世纪的历史了。正确使用活动月牙扳手可以帮你节省下来一整天的时间；不当的使用，则可能以螺栓头变圆草草收场，甚至导致手指关节破碎变形等严重后果——这种情形，简直堪称一份超大号的挫败感，搭配以一例"蹄髈烘肉卷"了。

第一步 打开活动扳手的钳口

用拇指和另一根手指将指旋螺钉旋转拧开。这样接下来才能调整扳钳钳口到近似于螺栓头/螺母头的大小。

第二步 固定夹持扳手

将开口的扳钳钳口环绕螺栓/螺母夹持固定住。如若固定钳口的开口大小不足以啮合螺栓头/螺母头，就再做调整。

第三步 钳口紧固螺栓/螺母

将扳手的钳口绞紧，直到其两面都紧紧贴合固定住螺栓/螺母。

要知道，前文所提到过的"蹄髈烘肉卷"情形，就是因为扳手从螺栓/

螺母滑出落下、手猛撞上相邻接的表面引发的"血案"。

为了尽可能避免类似悲剧的发生，你需要始终将扳手紧紧贴合固定在螺栓/螺母上。

第四步　旋转

往你认为合适的方向旋转螺栓/螺母。所以，该往哪边呢？

"右紧左松"——或许这听着确实有些蠢，但，死记硬背也不失为一个好方法。至少，它可以帮你判断出正确的旋转方向。

事实还是谣传？

在破纪录的横渡大西洋跨海飞行途中，查尔斯·林德伯格携带了两种工具：一把螺丝刀和一把月牙扳手？

事实。

由于重量限制和通用性需求，他选择的两种工具都遵循了简单轻便的基本原则。

如何使用（气泡）水平仪

你需要的是：
· 三气泡水平仪

花费时间：
· 15秒

> 我曾见过一个男人，他在盖房屋时使用着一台结构功能存在缺陷的残次水平仪……我的猜想是，他至少得盖两次房。
>
> ——肖恩·西克福斯，总承包商、房屋验收检查员

第一步　选择气泡

较好的水平仪中装有三气泡的管形小瓶。其中一个是用来检查水平状况的，另一个是用来检查垂直状况的，而第三个（不如前两个那么常用）在水平仪的斜对角线上，用来判定45度角。

第二步　检查水平

将水平仪器具（从它的角度）水平朝上摆放。你需要观察到气泡小瓶也同样呈水平状态。

如果小瓶中的气泡恰好在两条线之间，就可以判定为水平（level）。如果气泡在两条线外，则意味着你当下测的这个目标对象需要进行调整，直到水平气泡落在两线之间。

第三步　检查垂直

"垂直（plumb）"意味着项目个体完全被竖直方向放置成上下笔直的状态（vertical）。将水平仪垂直倚靠在需要检验的项目对象上，并让小瓶停在垂直状态。如果小瓶中的气泡恰好在两条线之间，那么该项目就可以被判定为垂直。如果气泡不在两线之间，则该项目需进行相应调整。

第四步　检查角度

水平仪上中的对角线小瓶可以告诉你，所测项目是否呈45度角。如果小瓶中的气泡恰好在两条线之间，那么该项目就可以判定接近45度。如果气泡不在两线之间，则该项目需要进行相应调整，直到气泡落在两线之间。

你知道吗?

普遍认为，气泡水平仪尚属于相对新式的建筑工具。

古埃及人在建造特定规格的金字塔时，也同样用到"水平仪"的原理。他们使用的是一种简单却也实用的A字形构架，由三块木头和重垂线（在一根线下吊一个重物，做成重垂线，可以显示重力的方向竖直向下）构成。

如何计算建筑面积

> **你需要的是：**　　**花费时间：**
> ・卷尺　　　　　　・视具体情况而定，取决于房间
> ・纸笔或计算器　　　尺寸大小；通常5分钟左右

"这课到底是上来干吗用的，我们什么时候会用得到这些内容？"曾经的数学课上，你也许这样问过自己。好吧，就是现在，那个时机降临了。

只要懂得基础代数，计算建筑面积就会很简单。把这个计算正确，你就还算对得起数学老师。当然，要是不幸弄错了，悲剧的其实还是你自己。因为那就意味着你将购买过多的建筑材料，这还算好的；更糟的是还可能会因为买得太少而不够用。

第一步　测量长度

从室内的一端到另一端，测量房间的长度。

第二步　测量宽度

从室内的一端到另一端，测量房间的宽度。

第三步　两两相乘

建筑面积＝长 × 宽。

了解更多

如果房间不是正方形的，当然本来就很少有房间是正方形的——你需要将它转化成为数个正方形和长方形。

例如：L型房间可以分解为一个长方形和一个正方形。分别计算长方形和正方形的面积，然后将它们相加，就是整个房间的建筑面积了。

如何清理堵塞的排水管

你需要的是：
- 柱塞
- 滑动铰扁口鲤鱼钳
- 水桶，用来从排水斗盛积水
- 抹布/纸巾/旧毛巾
- 肉桂口香糖

花费时间：
- 5~30分钟

这事说起来可能恶心到令人发毛，其严重程度通常还取决于水槽的所在位置。厨房的水槽可能看着令人不快，但食物颗粒的堵塞物总体还不算太糟糕。要知道，盥洗室水槽的情况一定更严重，腐臭的毛发和牙膏常常使人作呕。如果是工作场所使用的公共盥洗室……谁知道会有什么阻塞住水槽，总之要多恶心就能有多恶心。这个时候，还是尝试说服你的老板吧，你们必须喊一个管道工来了。

第一步　疏通水槽下水孔（溢流孔）

用一块旧抹布堵住水槽的下水孔。这将有效防止疏通后水从这个孔洞当中逆流溢出。

第二步　进行疏通

用水搋子排除淤积物，清除堵塞。如果这样还没能排出水槽里的水，继续第三步。

第三步　找到P型存水弯

不要让这个名称给骗了。P型存水弯是排水管冲刷弯管的一部分，形状像J。可以这样想：P型存水弯保有刚好足够的水，阻止下水道气体通过水槽的下水管回升上来。P型存水弯通常能在碎片和其他堵塞物更深入管道前就将它们拦截。此管道部分通常直接位于水槽下，可以动手将之拆卸并进行清理。

第四步　嚼口香糖

往嘴里塞两片肉桂口香糖。还记得在第三步里提到的下水道气体吗？你即将闻到它们，而肉桂口香糖可以令你届时不至于恶心作呕。也许并不能，但多少值得一试。

第五步　准备从排水斗盛积水的容器

把水桶放在存水弯下。拆卸P型存水弯后，水桶能接住从排水管中溢出的积水或碎屑杂物。

第六步　松开螺母

P型存水弯有两个螺母，每侧一个。这些都是手工拧上去的，你可以较为轻松地把这些螺母松开并拿下P型存水弯。（使用滑节钳松开存水弯上的螺母，然后用手旋开螺母。）

如果安装得太紧了，可以选用滑动铰扁口鲤鱼钳或管子钳、管扳手。

注意事项：任何被堵塞的水都将剧烈溢出，进到你事先准备的水桶里。

第七步　清理管道

这个步骤可能肮脏污秽令人不快，但你必须要做。清除排水管和P型存水弯中的任何堵塞物。

第八步　**将P型存水弯装回原位**

排水管和P型存水弯清理干净后，将P型存水弯归位并拧紧螺母。

第九步　**检查是否漏水**

打开水龙头让水自然流经排水管，确认刚刚清理的管道没有漏水。

你知道吗？

水槽专用柱塞（水搋子、皮塞）和马桶专用柱塞（皮搋子）的设计是不同的。水搋子看起来像被切成两半的球体中的一半，末端用棍子固定住；它有一个用来封住水槽排水口的平底碗状橡胶头。而皮搋子的橡胶头如同一个下部有洞、形状扭曲的皮球碗，开口处还包括一个额外的法兰凸缘盘。这里的凸缘连接设计是为了令碗状橡胶头口能朝下抵住马桶的下水管道口，通过不断用力向下推压，用水将下水管道中的堵塞物松动或分散开。

——乔纳森·卡特曼

如何关闭马桶进水阀

你需要的是：
· 你的手

花费时间：
· 5秒

你刚刚才用完厕所，冲过马桶后，却发现坐便器排水不畅，并没有全部冲刷干净。更糟糕的是，下水不畅、排污不完全直接导致水位不断上涨，甚至快要从桶身里溢出了。

很明显，马桶的管道设备出问题了！当你瞪大了眼睛站在那儿的时候，你也就意识到了接下来情况很可能还会恶化——要是再不赶紧采取行动，事情还会变得更糟。

第一步　找到进水管线路

查看马桶的储水箱下方区域，找到一根进水的管道。这就是连接坐便器排污口的进水管线路，一般从马桶的储水箱延伸至墙面。

第二步　找到开关总阀

马桶延伸到墙壁的这根进水管路尽头，会有一个露在墙面外的开关总阀。

注意进水管应该是连接到这个阀门上的。

第三步　关闭进水管路

标准开关总阀的运作模式，其实就跟你家院子里的水龙头开关差不多。

顺时针转动阀门，直到它转不动了为止。到这个时候，便斗里的水位应该就停止上涨了。恭喜，幸免于难。

第四步　查阅"如何疏通马桶"操作指南

事实还是谣传?!

高声叫喊"停下，该死的水，快给我停下来"将有助于避免堵塞的抽水马桶溢流？

胡说八道。

这理由，就无须赘言了吧。

如何疏通马桶

你需要的是：
- 柱塞（马桶专用），俗称"皮搋子"
- 塑料垃圾袋
- 纸巾

花费时间：
- 1~15分钟

堵塞的马桶总是令人不安。尤其当这是附近唯一一个可用的马桶时，分分钟可以引起所有人的重视。人们心中纷纷警铃大作：必须在污水从坐便器中溢出前采取行动！于是，尽管这很可能是一项不怎么愉快的工作，然而很显然，解决掉这个问题的人可以瞬间升级，成为厕所外面排队等待的人群心目中当之无愧的英雄。

第一步　把进水关掉

如果坐便器里的水正在上涨，就要漫过坐便器边缘，果断关闭马桶后的进水角阀。这将有效制止新的进水继续填满储水箱和坐便器。

第二步　选择要用的柱塞（皮搋子）

确保你正要使用的是马桶专用的柱塞，也就是俗称的"皮搋子"——有别于水槽柱塞。

第三步　插入皮搋子

将皮搋子浸没在坐便器中的水里。这时候的坐便器中要是还能有水，可算得上是件幸事了。水不会压缩，反而会给你提供更多对于阻塞物的作用

第10章　工具与修理　249

力。单纯在空气中疏通马桶，要比在水中吃力得多。

第四步 进行疏通

开始时，缓慢地下压皮搋子。用力太过猛，则可能会导致马桶里的水飞溅出坐便器；出于各种不同的原因，想来，你还是希望能把那些污水保留在坐便器里吧？

第五步 反复疏通

多次下压皮搋子，然后将塞头从坐便器中移开查看情况。如果抽水马桶排水顺畅，那么恭喜，你已经成功清除阻塞物；如果积水依然未退，则继续重复下压皮搋子的疏通动作。

第六步 放水

第七步 清理

将皮搋子放进塑料袋，带着滴水的皮搋子在房子里走来走去这形象可不怎么好看。用纸巾擦干净所有溅出的水。

第八步 清洗双手

疏通过马桶后，务必，务必要记得清洗双手。

你知道吗?

很久很久以前，在还没有抽水马桶的时候，人们是用夜壶也就是便壶来进行"自我排解"的。而每每在使用完夜壶之后，里头的"内容"往往会立即被扔出家门（常常是以掷出窗口之类的形式）……

如何检查断路器

> **你需要的是：**
> ·手电筒
> ·干燥的双手
> ·断路器盒子
>
> **花费时间：**
> ·1~3分钟

　　所有屋子都有一个控制电力流入以及流经的断路器。房屋内的所有线路都应汇聚到中央断路器仪表板，仪表板内有多个单独的断路器，通常位于壁橱、杂物间或是车库里。每个断路器控制着"电流"流过电线插座、开关以及各种电器。当引入一根电线的电量过多时（通常由于接入同一个电路的电子设备过多），电路会"跳掉"或者自动关闭。这是极好的，要知道，若非如此，取而代之的就很可能是毫不夸张的熔毁和潜在的火灾隐患——相信大多数理智的人都不会希望这样的事情发生。当电流超过安全限制，电路就会自动断开；之后，你将需要重置该处断路器。但是你并不必因此而担心，重置跳掉的电路乃至恢复向你家手机充电器供电的整个过程简单又安全。只是要注意，千万别用湿的手去完成就行——否则，可就成了骇人听闻的作死行为了好吗！

第一步　找到断路器盒子所在方位

在车库、杂物间或壁橱里，寻找一块带金属门的扁平金属面板。

第二步　打开金属门

拉开门上的插栓，将门完全打开。

第10章　工具与修理　　251

第三步　检查电路

仔细观察这一排排电路的开关，你会发现其中有一个从开启（ON）位置翻转过来的；也并不是完全翻折到关闭（OFF）的位置，而是在 ON 和 OFF 中间。这就是需要重置的电路所在了。

第四步　将开关翻转回ON

单独转接这个跳掉的电路开关：先向 OFF 方向完全推到底关闭，而后再拉回到 ON 的位置重置。(如果电路没能保持开启就此恢复，可能就是存在比较严重的问题了。你或许需要联系一下专业电工来帮你解决。)

第五步　关上金属门

一旦电路复位，记得关闭金属门。然后，继续享受这失而复得的电流给生活带来的便利吧。

事实还是谣传?

电气承包商有时也会以他的工作为荣，从而妥善打印电路控制板门背后的电力装置标签？

事实。

但不要指望它。

如何在墙上钉钉子

> **你需要的是：**
> - 空白的墙
> - 电子销钉定位器
> - 铅笔或卷尺
> - 指关节（屈指敲击墙面用）
>
> **花费时间：**
> - 30秒

叩叩叩。

谁在那儿？

螺柱（stud）。

哪位 Stud 先生？

哔哔哔哔哔——（警告声起……）

是的，嗯……这个笑话并不怎么好笑。毕竟，螺柱其实是用于墙面架构的一种垂直板材，而不是哪个正在设计砖墙框架结构的男子；这也就意味着，寻柱机（stud finder，也即螺柱寻、销钉探测器）是永远不该用在你自己身上的。

唔，所以说，这则"喂，我是螺柱"的幽默打趣不过是纯粹搞笑而已？——好吧，倒也并不全是。那些真将寻柱机往自己身上扫描探查的家伙们，保证能有幸听到小伙伴们惊呼"不不，不是那样。错误警报"云云。至于那些能够正确使用寻柱机的男士们，却可以确信无疑：他们挂到墙上的每一个沉重画框，都可以始终平稳安全地悬挂在那里。

第10章　工具与修理　｜　253

第一步　销钉探测器的准备工作

打开销钉探测器，将其平靠在墙面上。激活销钉探测器上的检测按钮，启动螺栓传感器。

第二步　粗略估计方位

美国标准下的螺柱，一般设置在离开各自"中心"大约40厘米（从一个螺柱中心到下一个）的位置。在你想要钉钉子的墙面上，往任意方向滑动销钉探测器。当传感器定位到螺柱，它会发出"哔哔"的提示音或是闪烁提示灯，也可能两者兼而有之。

第三步　标记螺柱位置

当你定位完一个螺柱，记得用铅笔或绸带棉线等在接近于螺柱中心的位置做标记。然后用手指敲击墙面，确认听到石膏灰胶纸夹板后面传来的声音是闷闷的，而不是清脆的，就表示这里没有空心。

了解更多

销钉探测器包含两种主要类型：(1)一种为电子销钉探测器，通过识别墙内部的木梁密度差异来进行探测；(2)还有一种磁力销钉检测器，能发现金属类螺柱、螺栓、钉子等，以及木制螺柱中的一些螺丝和钉子。

如何挂一幅画

你需要的是：
- 锤子（榔头）
- 钉子
- 销钉定位器
- 装裱了画框的图片

花费时间：
- 2分钟

"这里看上去真不错，我好喜欢这个地方的布置。这是哪位室内装潢设计师的杰作？"当你将胶钉海报取下来装进画框，挂在墙上，很快就会有人注意到，然后你就会听到类似这样的话语。选择踏上装修梯这样去做的男性们同时也是在发表两项大胆的声明：首先，他们知道自己喜欢什么，具有鲜明的个人风格，并且愿意将这一风格永久地挂在画框里；其次，他们了解如何在收工整理时修补墙上多余的小洞。这两者可都是好男人的特征。

第一步　找到螺柱

使用销钉定位器，找到一个足够坚实的地方钉上你要用来挂画框的钉子。

第二步　挥锤子，钉钉子

温柔而精准地把钉子敲进墙面。预留出2厘米钉头露在墙外，用来挂相框。

第三步　悬挂图片

自画框背面拉低金属丝或松下挂扣，挂到钉子上。用你视觉敏锐的眼睛或者找一件专业的水准校正工具，将画框调至水平。

你知道吗？

达·芬奇的传世名画《蒙娜丽莎》广受好评，被称为"世上最著名、最热门、最受文学作品青睐、最多歌曲传唱、最多戏仿恶搞衍生文化的艺术作品"。这幅画绘制于16世纪初期，画框内微笑着的女人在近500年里愈发受到人们的重视，从而使得其价值不断攀升。时至今日，"她"的估值已高达7.6亿美元。

如何修补墙上的一个小洞

你需要的是：
- 小罐填泥料
- 4厘米刮腻子刀
- 中等负荷的砂纸

花费时间：
- 1分钟准备，30分钟晾干

哎呀,一不小心,冰鞋在墙上剐出了一个洞,虽然你也不是故意要让刀片边缘剐蹭到墙面的,可是结果就摆在那里。看吧,妈妈说得对吧——永远别在室内玩冰球!可你就是不听,现在尝到苦果了吧?所以,吃一堑长一智吧。好在墙上的洞并不大,修复起来应该不会太过困难。当然,比你把墙戳出洞的时间要长,但这就是所谓"室内运动"的代价。

第一步 处理孔洞的准备工作

小心清理掉所有散落的石膏块。

第二步 涂抹填泥料

用指尖或油灰刀,将填泥料涂抹开,铺进小洞里。将泥浆轻轻地抹刮光滑,泥浆应完全覆盖洞口,然后收尾。这样,这块区域相较于周边墙面会高出一些。

第三步 等待填泥料充分干燥

稍作等待,直到充分干燥,然后涂抹额外的涂层或是打磨。一些填泥料在干燥过程中会逐渐变为白色,这也就代表着这层填泥料已经充分干燥。

第四步　用砂纸打磨修补区域

用砂纸细细打磨已经充分干燥的区域使之平滑，将突出的部分打磨到与周围墙面一样平坦光洁。

第五步　如有必要，重复上述步骤

如果涂抹填泥料的区域在充分干燥、打磨过后较之周围墙面反倒是低了，则需要清理掉这片区域的粉尘，再涂抹一层填泥料，等待充分干燥，然后再次以砂纸打磨。

第六步　修补润色

用油漆涂料装饰修补区域，令这块"补丁"和周边墙面的颜色相匹配。

事实还是谣传？

牙膏可以充当快速修复墙壁细缝的填泥料？

事实。

当然，仅限于最简单初级的处理，只能清除表面的轻微缺陷。至于那些比钉眼还大的墙面受损，就都不在牙膏所能刷去的能力范围内了。于是，爷们儿些，去探索该怎样正确解决这些个问题吧。

如何修补墙上的一个大洞

你需要的是：

- 废弃木料，约比墙上的洞大15厘米
- 一块石膏板，尺寸要比墙上的洞大
- 干板墙嵌缝网格带
- 干板墙泥或斯巴克填泥料
- 干板墙网格砂布或海绵砂块：粗粝、适中、精细
- 干墙螺丝、干壁钉
- 螺丝刀
- 实用刀
- 干板墙皮铲刀

花费时间：

- 3小时

当时，你正和朋友在屋内打闹着消磨时间：他推了你一把，你果断推了回去。他又推你，而你想着这把要赢过他，于是你尽可能生猛地再次推回去，却不承想他撞到墙，还把干板墙撞破出了一个大洞！这下坏事了！好吧，或许感情上倒没有什么难过，但你实在没办法说服自己不对这面墙的惨状感到头痛。等妈妈回到家里该如何是好？！其实，你只需要自信地告诉她："别担心，妈妈，我能修好。"事情就可以变得简单得多，一切都可以不一样。

第一步 清理受损区域

将所有松散的石膏碎料清理掉。用铅笔画出一个正方形或矩形方框，使之刚好框住受损区域。使用石膏板刀、线锯或工具刀沿其直边切掉受损区域，使之变成正方形或长方形的孔口。

第二步 嵌入废弃木料

把废弃木料塞进这个孔中，填补孔口的空缺；用干壁钉把废木料扣住固

定至孔口各侧。（之后，你需要把补墙板也即"墙补丁"扣住固定至这里的废弃木料上。）

第三步　切割石膏板补丁

根据孔口的大小，将一块废弃石膏板的外边形状切割得正好和孔洞相吻合。将石膏板补丁用螺丝钉固定到木料板边缘。要确保钉头不能损坏石膏板纸的最外层。

第四步　用干板墙嵌缝网格带修补接缝

将干板墙嵌缝网格带覆盖到各条接缝上。在网格带背面稍微涂些胶合剂，确保它可以粘到干板墙上。

第五步　敷上第一层墙泥（俗称"腻子"）

在网格带表面平铺上薄薄一层干板墙泥，将这层墙泥逐渐"羽化"到网格带边缘以外5～7厘米，与四周墙面融为一体。目的在于使泥浆尽可能变得平滑，和周围墙面齐平。但是如果完成情况并不完美，也不要担心，充分干燥之后你还可以进行打磨，并不需要一步到位追求绝对的平整妥帖。先等候这一层墙泥干燥完全。

第六步　打磨第一层墙面泥

使用粗粝的网格砂纸，打磨凸出部分。注意尽量不要磨到网格带中。

第七步　敷上第二层墙泥

这一次，将墙泥自每条网格带中心位置起"羽化"12～15厘米。等待干燥。

第八步　打磨第二层墙泥

使用适中的网格砂布，打磨充分干燥后的第二层墙泥。找到距离修复的区域足够远的"羽化"边缘，确认现在墙面上看不到任何明显的凸起。并确保打磨过程中不会产生新的凹陷低点。

第九步　敷上最后一层墙泥

这里需要的是非常薄的一层，以掩盖前两层中遗留的微小缺陷。等待干燥。

第十步　打磨第三层墙泥

用细砂纸轻柔地进行打磨。千万不要过度用力，否则你就要再敷上第四层墙泥了。接下来，修补区域就可以上底漆以及油漆涂料了。

聪明男人知道的那些事

"出于个人两方面的原因，我没有以砌墙为生。不过，可不是因为它不光鲜什么的，砌墙也是一门艺术。只不过，我的天赋在于表演，这是上帝的赐予，我要把自己的天赋放在正确的地方。"

——杰夫·福克斯沃西，
美国知名喜剧演员

如何像男人一样说话：
男人需要知道的100个术语

嘘……噤声，听好了。男人之间会谈论一些专业术语，现在正好是你学它们的好时候了！掌握一些基本的术语，相信很快你就会时不时地听到一些。正确地使用这些术语，你才能广受欢迎，从而成为更优质的男人——完全不需要靠打呼或者捶胸什么的来展示自己的男子气概。

ampere：安培（计算电流强度的标准单位）

略称为 amp，亦作 ampère。安培是计量电流强度的国际标准单位，以法国数学家、物理学家安德烈·玛丽·安培的姓氏命名。

arc：弧（度）；电弧

弓状物品的弧形轮廓，也可代指电流的形态和名称。电流可以快速通过两个电极中的间隙，包括你的手指和一根裸线之间。

auger：螺旋钻

一种螺旋形状的钻孔设备。

axe：斧子

长柄、为金属所制的工具，常被技术娴熟的伐木工人用来砍伐或劈开木材。可不要与时尚沐浴露和古龙香水产品相混淆了。

bed：（固定砖、石块、瓦片的）一层水泥或灰浆；床；（花）坛，（菜）圃，苗床；（车辆的）拖斗

一层干板墙泥。干净的、供人晚上睡卧在上面的家具。覆盖着泥土的小块地皮，布置成花园庭院的地方。小货车附加在背后的功能性拖挂装置。

bit：一点，少许；钻头；马嚼子；比特（二进位制信息单位）

有多种释义供你选择：少量或一小部分；锋利的钻孔工具；连着缰绳套在马嘴上的金属部件；数字通信领域信息的基础计量单位。

bow：船头；鞠躬

船体的前面部分。或指在正式介绍引见之前，以弯腰来表达尊敬的动作。

braise：文火慢炖，焖（先用油炒黄，然后在一个有盖容器中加少量水的煮菜方式）

一种烹饪方法，多用于处理不怎么嫩的肉类——先将肉慢慢烹炒，直至各个面上都呈现棕（褐）色，然后在平底锅中加入少量水煨煮。肉品覆盖在平底锅表面，以非常低的热度炖至柔嫩。

chuck：恰克（人名）；（车床等的）夹盘，夹头，夹具；抛掷；扔掉，放弃

作名词时可以是你所知晓的某个男子的名字。也可代指把钻头固定在位置上的夹钳、夹具。注意不要和作动词使用时"扔抛"或"放弃"之意相混淆。

clutch：离合器；离合器杆或踏板；紧要关头，危机紧迫

一种使轴的两个职能部分或轴与机械驱动装置处于相咬合或相分离状态的设备。一种启动上述设备的部件，开车换挡变速时用以啮合、释放开齿轮的踏板或操作杆。

美式口语中，也可用来表达没有踩离合器就换挡之后你的感受——是的，"在坡度上手动挡起步，居然忘记换挡了！真是惊心动魄！"

cord：电线；绳子；堆积柴薪，成捆堆积（如木材）；缩写cd，木材堆的体积单位

插入墙壁插座中弯曲自如的电线。绳，测量距离、画直线的工具。或堆放木材的体积计量单位缩写cd：木材堆的体积单位，4英尺×4英尺×8英尺（约1.21米×1.21米×2.42米），体积为128立方英尺（约3.62立方米）。

corporate：企业的，公司的，团体的，社团的

在共同享有某些权利、特殊许可和责任的驱使下形成的，一个特定文化群落的联合团体，比如企业。

creditor：债权人
向债务人出借金钱的个人或组织机构。

cubic zirconia：锆石，立方氧化锆
一种无色透明的氧化锆形态，因其折射率和外观非常像钻石，亦被称作"方晶锆石"或"苏联钻""仿钻石"。

damper：（火炉、熔炉等）挡板，调节风门；令人沮丧或扫兴的人（或物）
烟囱、壁炉里控制通风系统的可调节薄板。也可代指：忘记了要在点火前打开挡板，你将油然而生的切实感受——当烟雾弥漫整个房间，每个人都不停咳嗽外加大喘气，这样的派对何其扫兴（put a damper on the party）。

debtor：债务人
向债权人借贷的个人或组织机构。

dipstick：量油尺
用来检查汽车发动机机油油位的测量工具。英语单词量油尺（dipstick）在俚语中还有笨蛋、傻瓜的意思，刚好成为对一些忘记检查机油的家伙的讽刺和挖苦。

dovetail：鸽尾；鸠尾榫
鸽子的尾巴。或指将两块木头嵌入榫眼形成紧扣在一起的鸽尾状接头。

D.T.R.：此处为 Define The Relationship 的缩写，定义关系（的谈话）
"定义关系"的缩写形式。一对准情侣之间具有特定目的性的谈话，用以确认他们是否将要开始正式"交往""约会"——也就是成为男女朋友，你懂的。

earnings：收入
工资或薪水报酬。

empathy：移情
对他人的感受、想法和经历理解、明白和保持敏感性，即使你并不曾或并不在体验同样的事情。

equity：公平，公正；资产净值

公平、正义的品质特性。也可表示财产在减除一切贷款或负债后的实际价值。

ethos：精神特质，气质

特定的人、民族、文化或社会活动所具备的性情、气质、个性或基本价值，最为准确地描述了"我们是谁"。

feather：羽毛；使具羽状，"羽化"（用剪、剃、刮或磨损的方式使变薄、减少或加穗于边缘）

鸟类的外衣。

作动词使用时，还有个对于男性而言更加实用的意思——那就是拿干板墙泥等容易涂开的材料，涂抹薄薄的一层。警告：可别把干板墙工具上的泥浆当糖霜舔干净。

fee：费用，酬金

某项专业服务的固定费用。

flashing：防水板；遮雨板

屋顶上用来加固接合处、屋角或使之能够防风耐雨的金属板料。

fuse：保险丝

一种安全防护装置：它包含一根金属丝，会在电流异常升高超过安全标准时进行自身熔断并切断电流，从而起到保护电路安全运行的作用。

galvanized：镀锌的，电镀的

钢制涂层，包含薄薄的一层锌以防止腐蚀，多应用于垃圾桶、栅栏、钉子和其他会接触到水分的金属制件。

gratuity：小费，赏金

给予或赠予，作为服务的回报；通常以金钱的形式给出，也称为"小费（a tip）"。

grill：烧烤；格板，栅栏；拷问

在明火上烹制食物的烹饪手段。汽车、卡车或金属锯齿的前方格栅。以

极高的强度和密度询问某个人。

grout：薄泥浆，水泥浆

一层薄薄的石膏灰泥或砂浆，用来饰面、打磨或填补裂缝。

hatchet：手斧，短柄小斧

小型、短柄的斧子类型，一般而言用一只手就可以控制和使用。

head：头部；（船上的）厕所

头颅部分，支撑在人体躯干的肩膀之上，使人得以进行思考判断。

俚语中还可代指一艘船上的厕所，设在船舱甲板之下，使人有地方大解小解。

helm：掌舵，船柄，操舵装置

一艘船上用来操作转向的机械装置，也即船长借以操控船只航线的所在。

hitch：勾住，与交通工具连着或套着；联结，索结

从车尾延伸出的扣拴设置，车辆牵引后方拖挂设备的接合纽带。

ID 和 id：前者为身份证，后者为"本我"

大写 ID 是指一张正式发行的、印有你个人照片和独有资料的身份证。

小写 id 则是"私我，本我"之意：在弗洛伊德理论中，完全处于无意识中的心理状态；它是产生本能冲动和要求直接满足原始欲望的根源。

inboard：内侧的；舷内的

安置在船只、车辆或舰艇内部的。

in debt：负债，欠债

欠着金钱、商品，或应交付服务给另一个人或者组织机构的状态。

indirect heat：间接加热

不与热媒直接接触，在热源的旁边加热或烹饪食物的一种方法。

jack：千斤顶；扑克牌 J；男子名"杰克"；（俚语）老兄，小伙子

一种用来抬举起重物的设备。

人头牌（扑克中的 J、Q、K）中排在王后牌之下的纸牌。

你所知晓的一个男子的名字。

Jane Doe：简多伊（法律诉讼女方真名不详时对女当事人的假设称呼）

约定俗成通称的女性名字，用于代称名字未知不详或需要保持匿名的女性。

jib：船首三角帆；起重臂

船首三角帆：一面从前桅的中段展开至下桁的三角形帆，在小艇上则展开至第一斜桅或艇首。

起重臂：工程吊车或装载起重机的长臂。

John Doe：约翰多伊（诉讼程序中对不知姓名的当事人的假定称呼）；某人，身份不明的人（参较 Jane Doe、Richard Roe）

约定俗成通称的男性名字，用于代称名字未知不详或需要保持匿名的男性。

joist：工字钢，（支撑地板或屋顶的）托梁，栏栅

位于地板或天花板上平行并列的横梁，起到支撑作用。

keel：船脊骨，（船、艇等的）龙骨

沿船底中心线纵向延伸的船舶主要构件或主骨架。

kilt：苏格兰格子褶裙

苏格兰高地男性的传统穿着，一种及膝、褶布的裙装。

kingpin：主钉

将其他结构装置控制在一起的主要大螺钉；但凡把这一个拧松了，其他的也都会变松散。

labor：劳动；体力或脑力的运用，尤指出现困难或精疲力尽时。

艰苦的体力劳作，例如卸下重达 8.5 吨、以参差不齐的不规则石块为原材料的交付货物，或是接生一个 5 千克的胖墩婴儿。也许你该庆幸自己是个男人——毕竟，相比于从你的身体内拖拽出一个婴儿，卸货搬运石头什么的，是再容易不过的了吧。

lever：杠杆，操作杆

绕轴旋转的横杆，用来帮助搬移重物。

lowbrow：缺乏教养，低级趣味

知识背景或文化水平低下。

mentor：导师

经验丰富、备受信任的指导顾问；他会向你传授你需要知道的，而不是只说些你想要听到的。

moorage：系泊处，系泊费

船只可以停泊的地方和其费用。

mortgage：抵押

债务人或第三人不转移财产的占有，将该财产作为债权的担保；债务人不履行债务时，债权人有权以该财产折价或者以拍卖、变卖该财产的价款优先受偿。

mulligan：（高尔夫）附加一击

高尔夫术语，意思是重新发球，表示运动员在发球台上因第一杆打得不好令球侧旋斜飞之后得到重挥第二杆的机会（在正式比赛里是不允许的，但在日常运动中却很常见）。有时也被称为"a do-over"，即重新来过。

National Guard：国民警卫队

英勇的男男女女，服役于全美各州辖下的国家军队分支，除了战时以外，其他时期属各大州政府指挥，可以部分理解为各州政府的地方部队，但联邦政府同样有权对其进行部署和调用。

nest egg：储蓄金

长期储蓄的金钱，留待将来提取使用。

Nike：胜利女神；耐克

希腊神话中有翅膀的胜利女神。

也是一个炫酷的体育运动功能用品品牌的名字。

Nobel Prize：诺贝尔奖

人们梦寐以求的国际奖项，每年颁发，意在表彰六大领域的杰出贡献者：物理、化学、生理学或医学、经济学、文学、（促进）和平。

oath：誓约

对未来行动或行为所承诺的誓言。

octane rating：辛烷值

汽车燃料性能的标准检测指标。辛烷值越高，点火引燃之前燃料可以承受的压缩比越高。

（还没点火油气就烧起来了，这就是爆震。辛烷值就是代表汽油抗爆震燃烧能力的一个数值，越高抗爆性越好。汽油分为各种不同的标号，其实它们所代表的就是不同的辛烷值，标号越高辛烷值越高，表示汽油的抗爆性也就越好。）

open-minded：思想开明
愿意接纳包容新的想法，不会过早地贸然预断。

Outback：澳洲内陆
澳大利亚内陆地带的偏远区域。

pasteurized：用巴氏灭菌法消毒过的，经巴氏消毒的
为了达到局部灭菌的效果，对食品进行加热处理的工序——这和教会并不相关。

pension：退休金，养老金
劳动者在职期间向一个专项投资基金捐款，退休后得到该基金拨付的相应福利金款项。

pickup：敞篷小型运输卡车；拾取，整理；搭车；搭讪
牵引着附加的拖挂设置的小型卡车。
把你的东西收集起来并放好。
意图向心仪女孩做自我介绍的一次不靠谱尝试。

port：港口，口岸；左舷
一个海港城市或城镇。
一艘船的左侧，有红色航行灯指示。

quart：夸脱
液体的容量单位（主要在英国、美国及爱尔兰使用），等同于四分之一加仑。

quest：追求，探索
对于某些价值漫长而可敬的追寻，就比如对男子气概的探求。

question：问题
以获得信息为目的的措辞表达方式。提出什么样的问题，得到什么样的

答案。

rappel：借套索下降，绕绳下降

从山坡或悬崖上下来时的一种行为或方法：以绳索进行控制，沿近旁的垂直表面下降。

rent：租金；租赁

因使用他人所有的土地或交通运载工具，而支付给其所有人的相应费用。

Rent: 纽约百老汇长期上演的经典摇滚音乐剧目，围绕下东区一群"饥饿艺术家（starving artists）"和音乐家在"成功"道路上奋力斗争、挣扎沉沦的故事展开。

resign：辞职

自发自愿地提出要离开工作岗位。

rip：切开，锯开，割裂

用力撕、拉或分割工件材料。

rudder：舵，船尾舵

铰接的垂直零件，用来操纵控制船行方向。

sear：烧灼

使用高温烧或灼某些东西的表面——比如一块多汁的牛排、烤猪肉或羊腿。

slack：（绳子、帆等的）松弛部分；懈怠，逃避工作，开小差

一根绳子松掉了或闲置未用的部分。

一个工人的懒散状态，因而他很快失去了工作。

sorry：觉得可怜的，感到惋惜的；对不起，抱歉

作形容词表示对某个人或者某种状况感到同情。作名词指对人有愧，给出的真诚道歉。

spotter：观测者，测位仪

密切关注情势以确保安全的人员。

starboard：右舷

一艘船的右侧，有绿色航行灯指示。

stern：船尾，尾部

一艘船的船尾或者后面部分。

stud：螺柱，主动支承板；种马

框架墙内的一种垂直板材，其作用为承担支撑建筑物的竖向荷载。通常在 5 厘米 × 10 厘米或 5 厘米 × 15 厘米的木板上，螺柱（studs）之间的间距通常为 40 厘米。在墙上钉入螺柱是一种坚实的保障措施，无论是要固定相框画框、轻量型物料钢架还是用来展示古典吉他的支撑托架，你都离不开它。

也指一种雄性种畜，其基因质量极具价值。

tab：账单

为已提供的服务或已交付的产品对应开具的未支付票据。

taxes：税

需要从个人或企业的收入或利润中支付给相关管理机构的款额。

tension：紧张；张力，拉力

一种情绪状态，像要支付过多税金时一样感到不安。或指被拉紧或伸展开的物理状态。

tenure：占有（职位、不动产等）；占有期，任期；终身职位

某个人在工作或职位上获准得到的永久性身份地位。

transom：气窗，横窗；结构中横向构件；楣窗

一扇小窗，横跨在一扇门或是更大些的窗上。

U-bolt：U 形螺栓

一种状似英文字母 U 的螺栓，两个末端分别缀着螺纹——其实你可以自行想象一下看看。

undercarriage：起落架；底盘

交通运载工具下的支撑结构框架。

universal joint：万向接头，即 U-joint

连接两根杠杆的一种机械接头，由一对相对方位为 90 度的普通铰链组成，使杠杆能往任何方向转向；现在仍广泛应用于车辆的传动装置中。

valor：英勇

非常危险的情况下展现出的杰出胆魄和勇气。

vise：夹钳，台钳，老虎钳

固定工具，其可移动钳爪可以将待处理的工件对象控制在原位上固定住，通常附着在工作台或卡车保险杠之类的填充实体表面。

volt：伏特（电压单位）

伏特是国际单位制中表示电压，也即电势差的基本单位，简称伏。电压是决定电力经过导管时震动强度的变量。这里的导管也可能是人体。比如说，手握一节标准 1.5 伏特 AA 电池的末端，你并不会感觉到什么。然而触摸 120 伏的墙壁插座接线，你会直接因触电而痛苦地跳起。如果被警察眩晕枪的 5 万伏特脉冲来那么一下，你就直接躺在地上丧失行为能力了，甚至还有可能造成失禁。

well-groomed：干净整洁、穿着考究的

形容男性外观干净、整洁，衣着光鲜。

whetstone：磨刀石，油石

表面分布着细纹理的石头，用于磨快金属轮廓的刀具和其他用具。

winch：曲柄；绞车

控制低速转动齿轮的曲柄，电机驱动的起重工具，以一个周身缠绕着绳子、电缆或锁链的卷筒来升降重物。

XY chromosome：XY 染色体

携带男性特有 DNA 遗传信息的线型分子。

yoke：轭

将单独的不同牵引力合而为一的一条横木。

youth hostel：青年旅社，青年招待所

便宜的睡眠住宿场所、居住设施，多为城市背包观光客或旅行者提供。

zed：Z 字母

加拿大等受到英式发音影响的英语使用地区对字母 Z 的发音读法。

Zodiac 充气艇：橡皮艇充气船名

小型充气船。